普通高等教育"十四五"精品课程教材

广东省系列在线开放课程"高分子化学"配套教材

广东省一流本科课程"高分子化学"配套教材

高分子化学学习指导

● 张安强　洪良智　刘述梅　吴水珠　编著

华南理工大学出版社
SOUTH CHINA UNIVERSITY OF TECHNOLOGY PRESS

·广州·

图书在版编目（CIP）数据

高分子化学学习指导/张安强等编著. —广州：华南理工大学出版社，2024.6
ISBN 978 - 7 - 5623 - 7583 - 8

Ⅰ.①高⋯ Ⅱ.①张⋯ Ⅲ.①高分子化学 Ⅳ.①O63

中国国家版本馆 CIP 数据核字(2024)第 009395 号

Gaofenzi Huaxue Xuexi Zhidao
高分子化学学习指导
张安强 洪良智 刘述梅 吴水珠 编著

出 版 人：柯　宁
出版发行：华南理工大学出版社
（广州五山华南理工大学 17 号楼，邮编 510640）
http：//hg. cb. scut. edu. cn　E-mail：scutc13@ scut. edu. cn
营销部电话：020 - 87113487　87111048（传真）
策划编辑：袁　泽
责任编辑：宗　艺　刘　锋
印 刷 者：广州市人杰彩印厂
开　　本：787mm×1092mm　1/16　印张：9.5　字数：206 千
版　　次：2024 年 6 月第 1 版　印次：2024 年 6 月第 1 次印刷
定　　价：35.00 元

　　"高分子化学"是高分子材料与工程、材料化学、复合材料等专业的重要基础理论课之一，与"高分子物理"并列为高分子学科的两大专业基础课。该课程以高分子的基本概念、聚合机理、聚合方法以及聚合物的化学反应等为基础，以典型聚合物的结构、性能及合成方法为核心，讲究理论性和应用性的结合，既注重理论知识的系统性、全面性，又注重实际应用。其目的是促使学生牢固掌握并灵活运用高分子化学的基本原理，为培养他们解决高分子材料领域复杂工程问题的能力奠定坚实基础。

　　华南理工大学材料科学与工程学院高分子系的"高分子化学"课程在2005年入选为华南理工大学校级精品课程，并开设了双语教学；2013年入选为广东省精品开放课程并于2015年完成建设和验收；2019年入选为"高分子化学"省级系列在线开放课程，2022年被认定为"广东省一流本科课程（线上）"。本书编写团队从事"高分子化学"课程教学多年，在教学过程中深感"牢固掌握、灵活运用"的重要性。目前市面上与高分子化学试题、解题等相关的"学习指导"多针对现有教材的课后习题进行编写，虽提供了全部题目的答案，但大多只是给出答案而未深入解析，学生看了只能"知其然"，而不能"知其所以然"，不利于深度学习。

　　基于上述背景，我们编写这本《高分子化学学习指导》，其出发点和落脚点就在于："知其然，亦知其所以然。"从典型题目（可以是不同题型、不同问法，但核心知识点基本一样的多种题）出发，把问题的核心以及所涉及的知识点讲明白、讲透彻，从而教会学生"知其所以然"，这也是本辅导书区别于现有高分子化学学习辅导资料的最大特色。因此，我们在各章的题目选择上，不求多和面面俱到，但求能覆盖每章的主要知识点，将不同题型、不同问法但核心知识点基本一样的题目分类整理，通过对典型题目进行解答，顺带把其他同类型的题目也给解答了。我们也期望这种"多点连线、以线带面"的"破冰式"学习方式能给学生更多的启发和思考，从而促进他们进行主动和深度的学习。

全书按照经典高分子化学教材的内容进行编排，其中：第一章由刘述梅、洪良智、吴水珠、张安强编写，第二、六、七、八、九章由刘述梅编写，第三、四章由洪良智编写，第五章由张安强编写。全书由张安强统稿，并承蒙暨南大学罗丙红教授、华南师范大学马立军副教授、广东工业大学廖正福教授和广东石油化工学院史博教授审阅。

本书为华南理工大学"十四五"普通高等教育规划教材，在教材的编写过程中，得到了华南理工大学材料科学与工程学院出版基金、高分子材料科学与工程系和华南理工大学出版社各位老师的无私帮助，在此深表谢意！

限于编者水平，书中定有诸多错漏，盼读者不吝指出！

编 者
2023 年 12 月

目 录 CONTENTS

第一章　绪　论

本章重点

- 高分子的基本概念
- 聚合物的分类和命名
- 分子量及其分布
- 聚合物的结构与性能
- 聚合反应类型

典型题型分析

填空题 1—3

1. 1920 年德国人施陶丁格（H. Staudinger）在《德国化学会会志》发表了名为《论聚合》的论文，提出了_____的概念，并预测了聚苯乙烯、天然橡胶等聚合物的结构。为表彰其在高分子化学方面所作的贡献，他于 1953 年被授予诺贝尔化学奖，他是世界上获此殊荣的第一位高分子学者。

2. 齐格勒（K. W. Ziegler）和纳塔（G. Natta）因发明_____制得高密度聚乙烯和等规立构聚丙烯等，获得了 1963 年的诺贝尔化学奖。

3. 鉴于在_____方面所作的贡献，日本科学家白川英树（H. Shirakawa）、美国科学家黑格（A. J. Heeger）和麦克迪尔米德（A. G. MacDiarmid）分享了 2000 年的诺贝尔化学奖。

解题思路

1953 年、1963 年、2000 年这三年诺贝尔化学奖的获得，是高分子学科发展史上的三个里程碑。作为一个高分子人，不仅要熟知这几位诺贝尔化学奖获得者的姓名，还

1

要对他们所作出的伟大贡献如数家珍。

1920 年，施陶丁格在《德国化学会会志》上发表了一篇划时代的论文《论聚合》，提出"聚合反应是大量小分子依靠化学键结合形成大分子的过程"的假说，同时提出聚苯乙烯、天然橡胶等大分子是由碳原子像链条一样连接起来的线形长链结构。施陶丁格设计并实现了天然橡胶和纤维素的各种化学转化，如橡胶的氧化、纤维素的硝化等，并采用端基法、黏度法、渗透压法等测定了反应前、后纤维素的相对分子质量。施陶丁格首次提出高分子化合物的分子量具有多分散性，指出试验测定的相对分子质量实际上是一个平均值。1932 年他发表的经典著作《高分子有机化合物》标志着高分子科学的正式诞生，此后新的高分子被大量合成，高分子合成工业获得了迅速的发展。高分子科学的创立虽不足百年，但其发展速度远远快于金属和无机科学。究其原因，是高分子的结构具有几乎无穷变化的可能性，赋予材料性能的潜力远胜于其他材料。

相比于聚苯乙烯、聚氯乙烯、聚丙烯腈、聚醋酸乙烯酯等烯烃类聚合物，聚乙烯的发现及工业化年代较晚，这与乙烯的分子结构有关。因为乙烯结构对称，是中性分子，无诱导和共轭效应，所以，20 世纪 20 年代虽然已有活泼的过氧化物引发剂，但未能打开乙烯分子内在的双键使之成为高分子量聚乙烯。直到 1938 至 1939 年高温高压技术的发展才实现聚乙烯的合成。英国 ICI 公司在 180 ～ 200 ℃、150 ～ 300 MPa 的苛刻条件下，以氧气为引发剂，按自由基聚合机理合成了分子链上具有长短不一支链，结晶度为 50% ～ 65% 的低密度聚乙烯（LDPE），其是聚乙烯家族中最老的成员。1953 年德国化学家齐格勒发现 $TiCl_4$ 或 $ZrCl_4$ 与三乙基铝［$Al(C_2H_5)_3$］组合的催化体系能够在常温和常压下以高活性催化乙烯聚合。以 $TiCl_4$ – $Al(C_2H_5)_3$ 作引发剂，在 60 ～ 90℃、0.2 ～ 1.5 MPa 的温和条件下能合成得到极少短支链、分子链排布规整的高密度聚乙烯（HDPE）。纳塔后来利用 $TiCl_3$ 和烷基铝体系制备出了等规聚丙烯，开创了等规立构聚合物的先河。现在卤化钛/烷基铝催化体系一般被称为齐格勒 – 纳塔（Ziegler-Natta）催化剂，以纪念他们作出的贡献，该催化剂是聚烯烃工业发展的关键技术，最重要的为 $TiCl_4$ 或 $TiCl_3$ 与三烷基铝化合物的组合。当今工业应用的齐格勒 – 纳塔催化剂已经和当初的催化剂大不相同，催化剂的制备方法、形态和性能都有了突飞猛进的突破。目前全球使用齐格勒 – 纳塔催化剂制备的聚烯烃以千万吨计。

众所周知，塑料是绝缘体，不导电，通常用于制作电线电缆的绝缘层。白川英树等人用改性的齐格勒 – 纳塔催化剂，在高浓度下制备出了结构规整、结晶度高的膜状半导体聚乙炔，将其变成了像铝箔一样散发着金属光泽的导电塑料，获得了第一个全有机导电高分子。聚乙炔属于塑料的一种，其分子链是单、双键交替的共轭结构，轨道面积较大，电子可以相当自由地移动，碘掺杂聚乙炔的导电性相比于纯聚乙炔提高了 7 个数量级。塑料具有重量远远轻于金属的优点，能做得很薄，成型比较简单，也容易增加功能。导电高分子材料必将推动世界 IT 产业，促进薄型轻质电池和手机显示屏的发展，高分子电线可深入各个家庭，高分子 IC 芯片问世将成为可能，导电高分子势必成为 21 世纪材料革命的主力。

【参考答案】
填空题 1：链状高分子
填空题 2：配位聚合催化剂
填空题 3：导电高分子

简答题 4

4. 举例说明单体、单体单元、结构单元、重复单元、聚合度的含义以及它们之间的相互关系和区别。

解题思路

本题为基本概念题，这些名词是高分子化学的基石，需要准确掌握和正确运用。

单体：能形成高分子化合物中结构单元的低分子化合物，如含有双键的乙烯、氯乙烯、甲基丙烯酸甲酯，含有双官能团的乙二醇、对苯二甲酸、己二胺，含有三元环的环氧乙烷、五元环的四氢呋喃等。

单体单元：聚合物中具有与单体相同的化学组成但电子结构不同的单元。

结构单元：构成高分子链并决定高分子结构连接方式的原子组合。

重复单元：高分子链中化学组成和结构相同的最小单位称为重复单元，又称重复结构单元或链节，重复单元数目的平均值用 $\overline{DP}$ 表示。

聚合度：高分子链中结构单元数目的平均值，用 $\overline{X_n}$ 表示。

以聚氯乙烯和尼龙 66 为例进行说明。合成聚氯乙烯的单体是含有双键的氯乙烯，其单体单元、结构单元、重复单元都是—$ClCHCH_2$—，对于加聚和开环聚合，聚合物的结构单元、重复单元、单体单元均相同，与单体的元素组成相同，但电子结构不同。

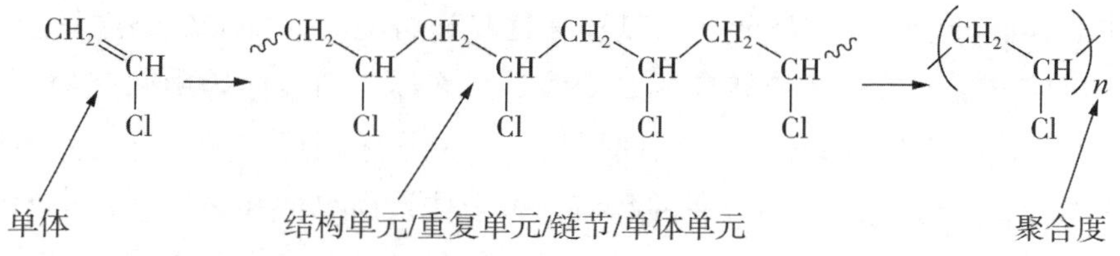

合成尼龙 66 的单体是己二胺和己二酸，己二胺的氨基和己二酸的羧基反应生成酰胺键，释放出小分子水，属于缩聚反应。尼龙 66 为缩聚物，重复单元是 —$HN(CH_2)_6NHOC(CH_2)_4CO$—，重复单元的元素组成不再与单体相同，由两种结构单元构成，结构单元分别为—$HN(CH_2)_6NH$—和—$OC(CH_2)_4CO$—。在该类缩聚物中不再用单体单元这个概念。以下为尼龙 66 聚合反应式及组成说明。

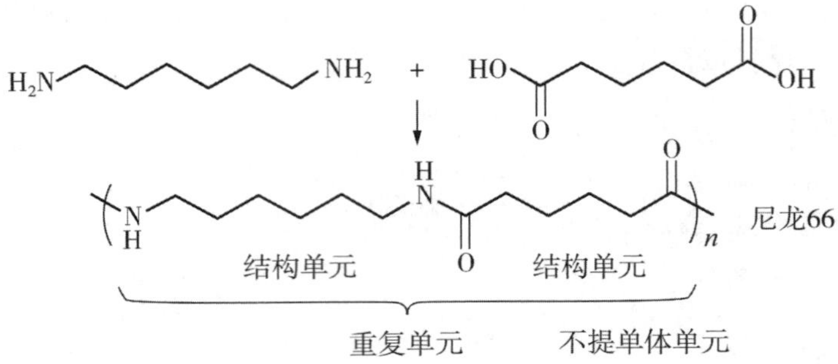

尼龙66

结构单元 结构单元

重复单元 不提单体单元

填空题 5—7

5. 根据高分子形成的机理和动力学进行分类，高分子的聚合反应分为＿＿＿＿＿＿＿＿＿＿和＿＿＿＿＿＿＿＿＿＿＿＿，这两类聚合反应的单体转化率和聚合物分子量随时间的变化有很大的差别。

解题思路

连锁聚合和逐步聚合是根据高分子形成的机理和动力学来分的，它们在聚合物高分子量的达成过程方面有很大的差别。

连锁聚合：也称链式反应，反应一旦引发形成单体活性中心，就能快速传递下去，在零点几秒到几秒之内就形成高分子量的聚合物。由链引发、链增长、链转移和链终止几步基元反应组成，各步反应的速率和活化能差别很大。反应体系中通常只存在单体和聚合物，单体主要是含双键的烯类、二烯类。根据活性中心的不同，连锁聚合反应又分为自由基聚合、阳离子聚合、阴离子聚合、配位离子聚合。

逐步聚合：通常是由两种不同官能团之间发生化学反应而实现分子量的逐步增长，无活性中心，低分子转变成高分子的过程是逐步进行的。大部分的缩聚反应都属于逐步聚合。反应早期，单体很快转变成二聚体、三聚体、四聚体等中间产物，短期内单体的转化率很高。然后这些低聚体之间再反应，分子量缓慢增加，直至基团反应程度达到98%以上，分子量才达到较高的数值。聚合体系由单体和分子量递增的中间产物所组成，单体通常是含有两个或以上官能团（如羟基、羧基、氨基甚至氢原子）的化合物。

【参考答案】
连锁聚合　逐步聚合

6. 按单体与聚合物在组成和结构上发生的变化，聚合反应分为三类，分别是＿＿＿＿、＿＿＿＿＿＿＿＿＿、＿＿＿＿＿＿＿＿。

解题思路

单体通过一定的反应转变成聚合物，按反应类型分为加聚、缩聚和开环聚合三类，每一种反应类型都有其对应的单体种类。

加聚：烯类单体 π 键断裂而后加成聚合起来的反应称为加聚，产物称为加聚物。其特征有：通常是烯类单体 π 键加成，产物多是碳链聚合物；聚合物的元素组成与其单体相同，仅电子结构有所改变；结构单元与重复单元相同。

缩聚：缩合聚合的简称，官能团单体多次缩合成聚合物的反应，兼有缩合出低分子和聚合成高分子的双重意义，产物称为缩聚物。官能团之间反应的结果是形成如 —OCO—、—NHCO— 等特征基团，并伴随有小分子化合物副产物产生，如水、乙二醇等。缩聚物基本为杂链聚合物，其结构单元比其单体少若干原子，结构单元往往是重复单元数目的 2 倍。

开环聚合：环状单体 σ 键断裂而后聚合成线形聚合物的反应，无低分子副产物产生，得到的产物通常为杂链聚合物。单体为含有如氧、硫、氮、硅等杂原子的环状化合物，特别是三元环化合物很活泼。与加聚反应相同，聚合物的元素组成与其单体相同，仅电子结构有所改变；结构单元与重复单元相同。

【参考答案】
双键的加聚　官能团间的缩聚　环状单体的开环聚合

7. 聚合物的种类繁多，按主链结构分为：_____、_____、_____。

解题思路

聚合物尽管种类繁多，但从主链结构组成来分，只有碳链聚合物、杂链聚合物、元素有机聚合物三类。如果主链与侧基均无碳原子则为无机高分子，如二氧化硅、硅酸盐类。

碳链聚合物：聚合物的大分子主链完全由碳原子组成的聚合物，绝大部分烯类和二烯类的加成聚合物属于这一类，如聚苯乙烯、聚甲基丙烯酸甲酯，它们的分子链结构式如下。

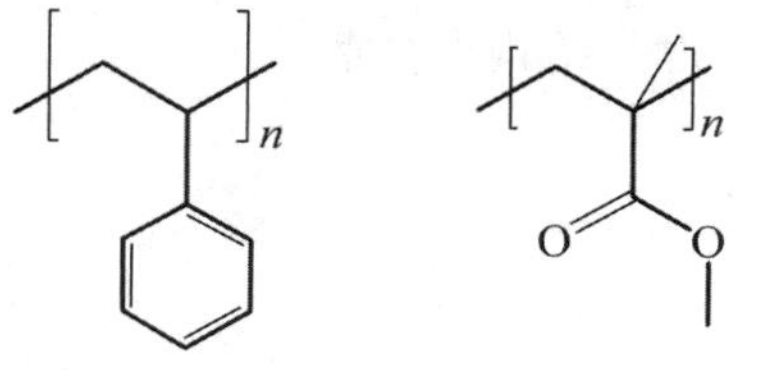

聚苯乙烯　　聚甲基丙烯酸甲酯

杂链聚合物：聚合物的大分子主链中除了碳原子外，还有氧、氮、硫等杂原子，如聚醚、聚酰胺、聚酯等缩聚物和杂环开环聚合物，这类聚合物的主链中都留有醚键、酰胺键、酯键等特征基团。

元素有机聚合物：又称半有机高分子，聚合物的大分子主链中没有碳原子，主要由硅、硼、铝和氧、氮、硫、磷等原子组成，但侧基多半是有机基团，如甲基、乙基、苯基等。聚二甲基硅氧烷是最典型的例子，其分子链结构式如下。

$$\begin{array}{c} H_3C \quad CH_3 \\ H_3C-\!\!\!\!\overset{H_3C}{\underset{H_3C}{\overset{|}{Si}}}\!-\!O\!-\!\!\!\overset{|}{\underset{|}{Si}}\!-\!O\!-\!\!\!\overset{|}{\underset{|}{Si}}\!-\!CH_3 \\ H_3C \quad \Big]_n \quad CH_3 \end{array}$$

【参考答案】
碳链聚合物　　杂链聚合物　　元素有机聚合物

填空题 8—9

8. 一般的高聚物是由同一化学组成，而分子量不等和结构不同的同系物组成的混合物，这种现象称为高聚物的_____和_____。

9. 两种相对分子质量均为 6 万，分子量分布指数分别为 2.5 和 5 的聚丙烯腈样品，它们的物化性能_____。

解题思路

高聚物不是由单一分子量的化合物所组成，而是由化学组成相同、分子量不等、结构不同的同系聚合物混合而成，同系物高分子之间的分子量差为重复结构单元分子量的倍数，这种高分子的不均一（即分子量大小不一、结构不同）的特性，被称为高分子的多分散性。一般测得的高分子的分子量都是平均分子量；聚合物的平均分子量相同，但分散性不一定相同。聚合物的性质，除了取决于它的分子量大小，还取决于分子量分布的宽度，即使化学组成和平均聚合度相同，其物化性能也不一定相同。

【参考答案】
填空题 8：分子量多分散性　　结构多分散性
填空题 9：不一定相同

简答题 10—11

10. 试说明聚合物的分子量分布指数的定义及其数值大小的含义。

解题思路

分子量分布指数($Đ$)定义为聚合物的重均分子量($\overline{M_w}$)与数均分子量($\overline{M_n}$)的比值，表达式为$Đ = \overline{M_w}/\overline{M_n}$。该比值越大，则分子量分布愈宽，分子量愈不均一。一般认为，$Đ < 1.1$，为单分散聚合物。一般缩聚物的分布指数为$1.5 \sim 2$，自由基聚合物的分布指数为$2 \sim 50$。分子量分布是影响聚合物性能的因素之一，高分子量部分使聚合物强度增加，但熔体黏度高，加工成型时塑化困难；低分子量部分使聚合物强度降低，但易于加工。不同用途的聚合物应有其合适的分子量分布：合成纤维、塑料薄膜的分子量分布应窄；橡胶的分子量分布可较宽。

11. 聚合物的平均分子量有哪几种表示方法？

解题思路

聚合物由化学组成相同而聚合度不等的同系混合物组成，即由分子链长度不同的高聚物混合组成。通常采用平均分子量表征分子的大小，表示方法有：重均分子量、数均分子量、粘均分子量、Z 均分子量。在聚合物合成与加工成型过程中，分子量是最重要的评价指标之一。

体系中不同分子量的分子所占的数量分数与其对应分子量的乘积的总和为数均分子量，具有依数性，采用渗透压法、蒸气压法等测定，低分子量部分对数均分子量有较大的贡献。计算公式如下：

$$\overline{M_n} = \frac{m}{\sum n_i} = \frac{\sum n_i M_i}{\sum n_i} = \frac{\sum m_i}{\sum \frac{m_i}{M_i}} = \sum x_i M_i$$

其中 $\sum n_i = n_1 + n_2 + \cdots + n_i$，表示总分子数；$x_i = \dfrac{n_i}{\sum n_i}$，即分子量为 M_i 的分子数占总分子数的数量分数。

重均分子量又称质均分子量，通常由光散射法测定，高分子量部分对重均分子量有较大的贡献。计算公式如下：

$$\overline{M_w} = \frac{\sum m_i M_i}{\sum m_i} = \frac{\sum n_i M_i^2}{\sum n_i M_i} = \sum w_i M_i$$

其中 $\sum m_i = m_1 + m_2 + \cdots + m_i$，表示总分子质量；$w_i = \dfrac{m_i}{\sum m_i}$，即分子量为 M_i 的分子质量占总分子质量的质量分数。

黏均分子量通常由黏度法测定，根据分子量与特性黏度的关系马克 – 霍温克（Mark-Houwink）方程：

$$[\eta] = KM_v^{\alpha}$$

其中 K，α 是与聚合物、溶剂有关的常数，α 一般为 $0.5 \sim 0.9$，得到粘均分子量：

$$\overline{M_v} = \left(\frac{\sum m_i M_i^{\alpha}}{\sum m_i} \right)^{1/\alpha} = \left(\frac{\sum n_i M_i^{\alpha+1}}{\sum n_i M_i} \right)^{1/\alpha}$$

以上三种分子量的大小依次为：$\overline{M_w} > \overline{M_v} > \overline{M_n}$。作图表示如下：

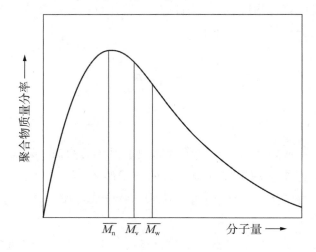

填空题 12—13

12. 线形大分子内结构单元间可能存在多种键接方式，可分为头 – 尾、头 – 头、尾 – 尾键接，大多数乙烯基聚合物以＿＿＿＿＿＿＿键接为主。

解题思路

线形大分子内结构单元间可能存在多种键接方式，可分为头 – 尾、头 – 头、尾 – 尾键接三种，而大多数乙烯基聚合物如聚氯乙烯、聚苯乙烯以头 – 尾键接为主，杂有少量的头 – 头或尾 – 尾键接。

以聚苯乙烯为例进行具体说明，三种键接结构表示如下：

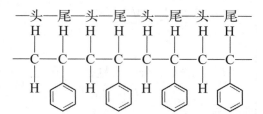

头 – 尾键接

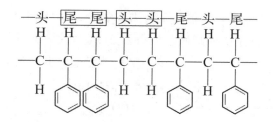

头－头、尾－尾键接

【参考答案】

头－尾

---

13. 两种或两种以上不同单体经加聚反应得到的共聚物，可能是＿＿＿＿＿＿＿＿、
＿＿＿＿＿＿＿＿、＿＿＿＿＿＿＿＿和＿＿＿＿＿＿＿＿四种。

解题思路

两种或两种以上不同单体加聚，由于结构单元连接方式的改变，得到共聚物的结构、组成不同，可能是无规共聚物、交替共聚物、嵌段共聚物或接枝共聚物。以 M_1 和 M_2 两种单体的共聚物为例进行说明。

无规共聚物：两结构单元 M_1、M_2 按概率无规则排列，M_1、M_2 连续的单元数不多，多数自由基共聚物属于这一类型，～$M_1M_1M_2M_2M_1M_2M_1M_2M_1M_1M_1M_1$～。

交替共聚物：共聚物中 M_1、M_2 两单元严格交替相间，可以看作无规共聚物的特殊结构，苯乙烯－马来酸酐共聚物属于这一类，～$M_1M_2M_1M_2M_1M_2M_1M_2M_1M_2M_1M_2$～。

嵌段共聚物：由较长的 M_1 链段和另一较长的 M_2 链段构成，每一链段可长达几百到几千结构单元，～$M_1M_1M_1M_1M_1M_2M_2M_2M_2M_2M_2$～。

接枝共聚物：主链由 M_1 单元组成，支链则由另一种 M_2 单元组成，如：

$$M_2M_2 \sim M_2$$
$$\sim M_1M_1M_1M_1M_1M_1M_1M_1M_1M_1M_1M_1M_1 \sim$$
$$M_2M_2M_2 \sim M_2$$

【参考答案】

无规共聚物　交替共聚物　嵌段共聚物　接枝共聚物

简答题 14—20

14. 与低分子化合物比，高分子化合物有何特征？

解题思路

(1)低分子化合物的相对分子质量在 1000 以下，高分子化合物也叫聚合物，具有高的相对分子质量，通常在 10 000 以上，也可达上千万，如聚乙烯的相对分子质量通常为 6 万～30 万，尼龙 66 的相对分子质量则通常为 1.2 万～2.5 万。聚合物的相对分子质量虽然成千上万，但组成简单，其结构是由多个重复单元通过共价键重复连接而成，并且这些重复单元实际上或概念上是由相应的小分子衍生而来。

（2）低分子化合物的分子量是确定的一个数值，而高分子化合物是化学组成相同而相对分子质量不等、结构不同的同系聚合物的混合物，它具有分子量和结构的多分散性。

（3）高分子化合物的分子有几种运动单元，如侧基、链节、链段、大分子。

（4）高分子化合物的结构非常复杂，需用一级、二级和三级结构来描述它。一级结构是指一个大分子链中所包含的结构单元和相邻结构单元的立体排布。二级结构是指单个大分子链的构象或聚集态类型。三级结构是指形成复杂的高分子聚集体中大分子的排列情况。

这些差别是由高分子化合物的高分子量引起的，量变引起质变。分子量大或分子链长为高分子化合物（或高聚物）的根本特征。此外，高分子化合物还具有相对密度小、熔点比金属低、比强度高、韧性高、绝缘性好和可塑性强等特点。

15. 能否用蒸馏的方法提纯高分子化合物？为什么？

 解题思路

不能用蒸馏的方法提纯高分子化合物。蒸馏是有机合成中一种重要的分离纯化方法，利用混合液体或液－固体系中各组分沸点不同，使低沸点组分蒸发，再冷凝以分离各个组分，特别是对于低沸点的小分子化合物非常有用。由于高分子化合物的分子间作用力往往超过高分子主链内的键合力，当温度升高达到气化温度以前，就会发生主链的断裂或分解，从而破坏高分子化合物的化学结构，因此不能用小分子提纯的方法如蒸馏来提纯高分子化合物。

16. 线形与支链形高分子链的物理、化学性质有何不同？

 解题思路

高分子链的形状主要有线形、支链形（包括星形、梳形等）、交联形（或称网状）。线形高分子和支链形高分子靠范德华力聚集在一起，分子间作用力较弱，具有热塑性，加热可熔化，在溶剂中可溶解。低压高密度聚乙烯为线形分子，结构简单规整，易紧密排列形成结晶，结晶度可达 90% 以上。由于支链的存在，支链形高分子的分子间距

离较线形高分子的大，堆砌不整齐，会对结晶造成很大的影响。支链形高分子的结晶度、密度、强度等比线形高分子的低，而溶解性能则更好，最典型的例子是高压低密度聚乙烯，其为支链形结构，结晶度只有55%～65%。

17. 简述热塑性聚合物与热固性聚合物的区别。

 **解题思路**

热塑性聚合物：其"塑"指的是可塑性，由线形或支链形结构大分子之间通过物理力聚集而成，加热时可熔融，变成粘流态物质，在外力的作用下可变形或流动，并能溶于适当溶剂中。热塑性聚合物受热时可塑化，冷却时则固化成型，并且可以如此反复进行。由于热塑性聚合物是线形结构（包括支链结构），有独立的分子存在，故其弹性、可塑性好，硬度和脆性较小，如聚乙烯、聚氯乙烯、聚甲基丙烯酸甲酯等聚合物均具有热塑性。但分子间作用力过大的线形聚合物，如纤维素、聚芳酰胺，在热分解温度下不能塑化，这种聚合物不具备热塑性。

热固性聚合物：在加热或外加交联剂存在的情况下由许多线形或支链形大分子通过化学键连接而成的交联体形聚合物，许多大分子键合在一起，已无单个大分子可言。这类聚合物受热不软化不熔融，不会进入粘流态，因而无法采用热塑性方法进行加工，如果继续加热，则会发生降解、氧化、碳化，直至燃烧。热固性聚合物也不易被溶剂所溶胀，没有弹性和可塑性，硬度、强度和脆性较大。环氧树脂、酚醛树脂、天然橡胶等均属热固性聚合物。

18. 什么是三大合成材料？写出三大合成材料中各主要品种的名称、单体聚合的反应式，并指出它们分别属于连锁聚合还是逐步聚合。

 **解题思路**

三大合成材料是指合成塑料、合成纤维和合成橡胶。

（1）合成塑料的主要品种有：聚乙烯、聚丙烯、聚氯乙烯和聚苯乙烯等，均通过连锁聚合反应制备得到。

聚乙烯 $n\text{CH}_2{=}\text{CH}_2 \longrightarrow \left[\text{CH}_2\text{CH}_2\right]_n$

聚丙烯 $n\text{CH}_2{=}\text{CH}(\text{CH}_3) \longrightarrow \left[\text{CH}_2\text{CH}(\text{CH}_3)\right]_n$

聚氯乙烯 $n\text{CH}_2{=}\text{CHCl} \longrightarrow \left[\text{CH}_2\text{CHCl}\right]_n$

聚苯乙烯 $n\text{CH}_2{=}\text{CHC}_6\text{H}_5 \longrightarrow \left[\text{CH}_2\text{CH}(\text{C}_6\text{H}_5)\right]_n$

（2）合成纤维的主要品种有涤纶（聚对苯二甲酸乙二醇酯）、尼龙66，通过逐步聚合制备得到。

涤纶 $n\mathrm{HO(CH_2)_2OH} + n\mathrm{HOOC}$ ——⬡—— $\mathrm{COOH} \xrightarrow{\text{逐步聚合}}$

$\mathrm{H{-}\hspace{-2pt}[O(CH_2)_2OC}$ ——⬡—— $\mathrm{C]_n\hspace{-2pt}OH} + (2n-1)\mathrm{H_2O}$

尼龙66 $n\mathrm{H_2N(CH_2)_6NH_2} + n\mathrm{HOOC(CH_2)_4COOH} \xrightarrow{\text{逐步聚合}}$

$\mathrm{H{-}\hspace{-2pt}[NH(CH_2)_6NHOC(CH_2)_4CO]_n\hspace{-2pt}OH} + (2n-1)\mathrm{H_2O}$

（3）合成橡胶的主要品种有丁苯橡胶、顺丁橡胶等，通过连锁聚合制备得到。

丁苯橡胶 $\mathrm{CH_2{=}CHCH{=}CH_2} + \mathrm{CH_2{=}CH(C_6H_5)} \xrightarrow{\text{连锁聚合}}$

$\sim\sim\sim\mathrm{CH_2CH{=}CHCH_2CH_2CH(C_6H_5)}\sim\sim\sim$

顺丁橡胶 $n\mathrm{CH_2{=}CHCH{=}CH_2} \xrightarrow{\text{连锁聚合}} \mathrm{{-}\hspace{-2pt}[CH_2CH{=}CHCH_2]_n\hspace{-2pt}}$

19. 举例说明橡胶、塑料、纤维的结构、性能特征和主要差别。

解题思路

塑料、橡胶、纤维在分子量大小及分布、结构单元、分子链的柔性等各方面均有不同，由此性能差别较大。

橡胶：属于完全无定型聚合物，是非极性、非晶态聚合物，分子链柔性大，玻璃化转变温度（T_g）低，分子量往往很大，一般在10万以上，室温下处于卷曲状态，拉伸时伸长，有序性增加，需要交联来防止大分子滑移。交联后的橡胶在室温下富有弹性，在很小的外力作用下能产生很大形变（500%～1000%），但弹性模量小（小于70 N·cm^{-2}），除去外力后具有迅速复原的能力，并具有良好的物理机械性能和化学稳定性。广泛用于制造轮胎、胶管、胶带、电缆及其他各种橡胶制品。典型的合成橡胶有顺丁橡胶和硅橡胶。

纤维：聚合物经一定的机械加工（牵引、拉伸、定型等）后形成的细而柔软的细丝，通常由带有极性基团如酯基、酰胺基（尤其是能够形成氢键的基团）且结构简单的高分子制成。此类高分子能聚集成晶态，具有足够高的熔点（200 ℃以上），以便于烫熨，但熔点不应高于300 ℃，以便熔融纺丝。由于强极性或氢键可以造成较大的分子间力，因此较低的聚合度或分子量就足以产生较大的强度和模量。纤维具有弹性模量大（大于3.5×10^4 N·cm^{-2}），受力时形变小（小于10%），强度高等特点，有很高的结晶能力，分子量小，一般为1万～3万。纤维与橡胶相反，纤维不易变形，伸长率小，弹性模量和抗张强度都很高，纤维用聚合物的玻璃化温度适中，过高不利于拉伸，过低则易使织物变形。主要的合成纤维有涤纶和锦纶。

塑料：具有塑性行为的材料，所谓塑性是指材料受外力作用时发生形变，外力取消后，仍能保持受力时状态的特性。塑料的弹性模量介于橡胶和纤维之间，受力能发生一定形变，从接近橡胶的软塑料（如聚乙烯，T_g 为 $-125\ ℃$）到接近纤维的硬塑料（聚氯乙烯）都有。聚氯乙烯因侧基含有极性的氯原子，T_g 达 81 ℃，但其属于非结晶聚合物，使用上限温度只能在 T_g 以下。

塑料和纤维的相似程度更大，有些聚合物既可用作塑料又可做成纤维，如聚丙烯、尼龙 66、聚酯，而普通的橡胶基本只能做成橡胶，如顺丁橡胶、硅橡胶等，没法做成塑料或纤维。

现将三大合成高分子材料的聚合度、玻璃化转变温度（T_g）、熔融温度（T_m）等总结如下：

	聚合物	聚合度	$T_g/℃$	$T_m/℃$	分子特性	聚集态	机械性能
纤维	涤纶	110～220	69	258	极性	晶态	高强高模量
	尼龙 66	100～200	50	265	强极性	晶态	高强高模量
橡胶	顺丁橡胶	～5000	-108	—	非极性	高弹态	低强高弹性
	硅橡胶	5000～1 万	-123	-40	非极性	高弹态	低强高弹性
塑料	聚乙烯	1500～1 万	-125	130	非极性	晶态	中强低模量
	聚氯乙烯	600～1600	81	—	极性	玻璃态	中强中模量

20. 简述工业上合成下列 6 种橡胶所采用的单体、聚合反应类型及聚合实施方法：合成天然橡胶、顺丁橡胶、乙丙橡胶、丁基橡胶、丁腈橡胶、丁苯橡胶。

解题思路

本题以 6 种常用合成橡胶引出高分子化学中的烯类单体以及其能发生的聚合反应类型、聚合实施方法，由此对烯类单体聚合反应的复杂性产生一个初步的认识。烯类单体上取代基的种类（给电子基还是吸电子基）和数量、是否共轭决定该单体所能进行的反应类型，答案列表如下：

序号	聚合物	单体	聚合反应类型	主要聚合实施方法
1	合成天然橡胶	异戊二烯	配位聚合或阴离子聚合	溶液聚合
2	顺丁橡胶	丁二烯	配位聚合或阴离子聚合	溶液聚合
3	乙丙橡胶	乙烯＋丙烯	配位聚合	溶液聚合、气相聚合（本体）
4	丁基橡胶	异丁烯＋异戊二烯	阳离子聚合	溶液聚合、沉淀聚合
5	丁腈橡胶	丁二烯＋丙烯腈	自由基聚合	乳液聚合
6	丁苯橡胶	丁二烯＋苯乙烯	自由基聚合	乳液聚合

简述如下：

（1）合成天然橡胶。橡胶一词来源于印第安语，意为"流泪的树"。天然橡胶就是由三叶橡胶树割胶时流出的胶乳经凝固、干燥后而制得，其基本化学成分为顺式－聚异戊二烯（IR）。异戊二烯为共轭二烯烃，由其聚合可得到6种立构规整结构的产物，工业上重要的是顺－1,4－聚异戊二烯，通过配位聚合或阴离子聚合制得。高顺式－1,4－聚异戊二烯橡胶因其结构和性能与天然橡胶近似，故又被称为合成天然橡胶，主要用于制造轮胎。

（2）顺丁橡胶。全名为顺式－1,4－聚丁二烯橡胶，简称BR，由丁二烯采用配位聚合或阴离子聚合制得，结构规整，其顺式结构含量在95%以上，是仅次于丁苯橡胶的第二大合成橡胶。与其他通用型橡胶比，硫化后的顺丁橡胶的耐寒性、耐磨性和弹性特别优异，动负荷下发热少，耐老化性能好，易与天然橡胶、氯丁橡胶、丁腈橡胶等并用。

（3）乙丙橡胶。以单烯烃乙烯、丙烯通过配位共聚成二元乙丙橡胶（EPM）。乙丙橡胶分子主链上的乙烯和丙烯单体呈无规则排列，因此乙丙橡胶失去了聚乙烯或聚丙烯结构的规整性，从而成为弹性体。由于二元乙丙橡胶分子不含双键，故不能用硫黄硫化。乙丙橡胶的重均分子量为20万～40万，数均分子量为5万～15万。由于乙丙橡胶缺乏极性，不饱和度低，因而对各种极性化学品如醇、酸、碱、氧化剂、制冷剂、洗涤剂、动植物油、酮和脂等均有较好的抗耐性。乙丙橡胶在汽车制造行业中应用量最大，主要用于制作汽车密封条、散热器软管、火花塞护套、空调软管、胶垫、胶管等。

（4）丁基橡胶。由异丁烯和少量异戊二烯通过阳离子聚合制得，主链含有少量异戊二烯单元，异戊二烯单元以单链节存在，链端基含有双键，可采用硫黄硫化。丁基橡胶的气透性在烃类橡胶中是最低的；抗臭氧老化性能比天然橡胶、丁苯橡胶高10倍；电绝缘性能良好，防水性比其他橡胶高10～15倍，用于制作轮胎。特别是在建筑防水领域，丁基橡胶已经全面代替沥青。

（5）丁腈橡胶（NBR）。由丁二烯和丙烯腈共聚制得，相对分子质量为70万左右，主要采用低温自由基乳液聚合法生产，是浅褐色的弹性体。由于含有强极性的—CN基团，对脂肪烃油类和汽油具有极好的稳定性。丁腈橡胶中丙烯腈含量越高，耐油性越好，但耐寒性则相应下降。其耐热性比天然橡胶和丁苯橡胶好，长期使用温度可达100℃。此外，丁腈橡胶还具有耐水性、气密性及优良的粘结性能，主要用于制作耐油制品，如耐油管、胶带、橡胶膜和大型油囊等。

（6）丁苯橡胶。简称SBR，由丁二烯和苯乙烯共聚制得，由于在成本方面的优势，全球约75%的丁苯橡胶采用自由基乳液聚合法生产。此外，由于丁二烯、苯乙烯均可发生阴离子聚合，故也可采用有机锂化合物作引发剂，通过阴离子聚合制得。丁苯橡胶是最大的通用合成橡胶品种，其物理结构性能、加工性能及制品的使用性能接近于天然橡胶，广泛用于轮胎、胶带、胶管、电线电缆及各种橡胶制品的生产。

计算题 21—22

21. 等质量的两种聚乙烯共混，一种$\overline{M_n}$为1.0×10^6，$\overline{M_w}$为3.0×10^6，另一种$\overline{M_n}$为1.0×10^7，$\overline{M_w}$为2.0×10^7，计算共混物的$\overline{M_n}$和$\overline{M_w}$。

解答

本题已知两种聚乙烯等质量，根据$\overline{M_n} = \dfrac{m}{\sum n_i} = \dfrac{\sum n_i M_i}{\sum n_i} = \dfrac{\sum m_i}{\sum (m_i/M_i)}$，代入数据，得共混物的$\overline{M_n} = 1.82 \times 10^6$。

根据$\overline{M_w} = \dfrac{\sum m_i M_i}{\sum m_i} = \sum w_i M_i$，代入数据，得共混物的$\overline{M_w} = 1.15 \times 10^7$。

从计算结果可知，共混物的$\overline{M_n}$与分子量较低的那种聚乙烯更加靠近，$\overline{M_w}$则与分子量较高的那种聚乙烯更加靠近。

22. 两种聚酰胺66共混，分别是9 mol，$\overline{M_n} = 3.0 \times 10^4$和5 mol，$\overline{M_n} = 5.0 \times 10^4$，计算共混物的$\overline{M_n}$和$\overline{M_w}$。

解答

本题已知两聚酰胺66的摩尔量，可直接采用$\overline{M_n} = \dfrac{m}{\sum n_i} = \dfrac{\sum n_i M_i}{\sum n_i}$计算，共混物的$\overline{M_n} = \dfrac{9 \times 3 \times 10^4 + 5 \times 5 \times 10^4}{9 + 5} = 3.7 \times 10^4 \text{g/mol}$，

$$\overline{M_w} = \frac{\sum m_i M_i}{\sum m_i} = \frac{\sum n_i M_i^2}{\sum n_i M_i} = \frac{9 \times (3 \times 10^4)^2 + 5 \times (5 \times 10^4)^2}{9 \times 3 \times 10^4 + 5 \times 5 \times 10^4} = 4.0 \times 10^4 \text{ g/mol}。$$

第二章 缩聚和逐步聚合

本章重点

- 缩聚反应的概念、基本特征
- 线形缩聚反应的机理、反应动力学、聚合度
- 缩聚产物的分子量及其分子量分布
- 逐步聚合的实施方法，重要线形缩聚物
- 体形缩聚、凝胶化作用和凝胶点

典型题型分析

填空题 1—3

1. 我国习惯以"纶"字作为合成纤维商品名的后缀字，请说明：涤纶、锦纶、氨纶、腈纶、丙纶、维尼纶的化学名称分别为：_____。

2. 聚对苯二甲酸乙二醇酯(涤纶)的分子式是_____，重复单元是_____，结构单元是_____。

3. 尼龙66 的分子式是 _____，重复单元是 _____，_____，结构单元是_____。

解题思路

合成聚合物很大的一个应用就是制备纤维。涤纶是我国对聚对苯二甲酸乙二醇酯纤维所起的商品名称，是合成纤维中最主要的一种，大量用于制造衣着面料，具有出色的抗皱性和保形性。涤纶是英文 terylene 的中文音译。"terylene"这个名称最初由英国化学公司 ICI(Imperial Chemical Industries)在 1947 年注册，用于指代他们生产的聚酯纤维产品。涤纶由对苯二甲酸或对苯二甲酸二甲酯与乙二醇通过缩聚反应制得，因分子链上存在大量酯基故又称聚酯，用于合成纤维的聚酯的相对分子质量一般在

$1.8 \times 10^4 \sim 2.5 \times 10^4$，采用熔融纺丝制得。

锦纶也称尼龙、聚酰胺，是世界上出现的第一种合成纤维，吸湿能力较好，结实耐磨，耐磨性为各类织物之首。由于锦州化纤厂是中国首家合成聚酰胺的工厂，因此国内也将聚酰胺纤维定名为"锦纶"。其分子主链上含有重复酰胺基团（—NHCO—），化学结构通式为：H（HN(CH₂)ₓNHCO(CH₂)ᵧCO）OH。锦纶由二元胺和二元酸缩聚而得，根据所用二元胺和二元酸的碳原子数不同，可以得到不同的锦纶产品，并可通过加在锦纶后的数字进行区分，其中前一数字是二元胺的碳原子数，后一数字是二元酸的碳原子数，如锦纶 610 是由己二胺和癸二酸制得。锦纶分子中的—CO—、—NH—基团可以在分子间或分子内形成氢键，从而形成较好的结晶结构。锦纶 66 是由己二胺和己二酸缩聚制得，相对分子质量一般为 $1.7 \times 10^4 \sim 2.3 \times 10^4$，纤维采用熔融纺丝制得。

聚对苯二甲酸乙二醇酯与尼龙 66 都是采用缩聚反应得到，由于两单体的官能团反应有小分子放出，因此这两个缩聚聚合物的结构单元与重复单元是不同的，结构单元数量为重复单元数量的 2 倍。

氨纶是聚氨基甲酸酯纤维的简称，带有—NHCOO—特征基团的杂链聚合物，是一种弹性纤维，具有高度弹性，能够拉长至原长的 6～7 倍，断裂伸长率400%以上，高分子链由低熔点、无定型的"软"链段（如聚醚）和嵌在其中的高熔点、结晶的"硬"链段所组成。柔性链段分子链间相互作用力小，可以自由伸缩，伸长性能好，刚性硬段氨基甲酸酯单元之间形成氢键，起物理交联作用。

腈纶是由丙烯腈含量大于 85%（质量分数）的丙烯腈共聚物通过溶液纺丝制得的，因其纤维膨松，性能很像羊毛，所以叫"合成羊毛"。均聚的聚丙烯腈结晶度高，溶解性能差，常用丙烯酸甲酯、甲基丙烯酸甲酯等作第二单体制成共聚物，以改善可纺性及纤维的手感、柔软性和弹性。

丙纶纤维是以丙烯为原料制得的等规聚丙烯纤维的中国商品名，是常见化学纤维中最轻的纤维，其密度仅为 $0.91 \, \mathrm{g/cm^3}$，它几乎不吸湿，主要用途是制作地毯（包括地毯底布和绒面）、装饰布等。

维尼纶纤维专指经缩甲醛处理后的聚乙烯醇缩甲醛纤维，"维尼纶"是英文 Vinylon 或 Vinalon 的音译。未经缩醛处理的聚乙烯醇纤维溶于水，用甲醛缩醛化处理后可提高其耐热水性。维尼纶的最大特点是吸湿性大，是合成纤维中最好的，号称"合成棉花"。

【参考答案】
填空题 1：聚对苯二甲酸乙二醇酯、聚酰胺、聚氨基甲酸酯、聚丙烯腈、聚丙烯、聚乙烯醇缩甲醛

填空题 2：HO（CO—〇—COOCH₂CH₂O）H

—CO—〇—COOCH₂CH₂O—

—OCH₂CH₂O—和 —CO—〇—CO—

填空题3：H$\left[HN(CH_2)_6NHOC(CH_2)_4CO\right]_n$OH

—HN(CH$_2$)$_6$NHOC(CH$_2$)$_4$CO—

—HN(CH$_2$)$_6$NH—和—OC(CH$_2$)$_4$CO—

选择题4—5

4. 下面哪种组合可以制备无支链高分子线形缩聚物？（　　）

A. 1 – 2 官能度体系　　　　　　　　B. 2 – 2 官能度体系

C. 2 – 3 官能度体系　　　　　　　　D. 3 – 3 官能度体系

5. 以下化合物中，可以和己二酸缩聚制得线形缩聚物的是（　　）。

A. 乙醇　　　　　B. 乙二醇　　　　　C. 丙三醇　　　　　D. 苯胺

 解题思路

此两题主要考查单体缩聚生成线形聚合物的条件。

单官能度化合物如乙醇、苯胺与2官能度单体进行反应，所得产物为小分子化合物。2 – 2官能度体系是进行线形缩聚的必要条件，两种单体均为2官能度如己二酸 – 乙二醇体系，在等物质的量配比情况下可以制备高分子量线形缩聚物，但其中一单体大大过量时，所得产物则为低聚物。有官能度大于或等于3的单体存在是体形缩聚的必要条件，但2 – 3官能度单体缩聚不一定得到高度交联、网状结构的体形聚合物，只有在平均官能度大于2，反应程度高于凝胶点时才有可能。己二酸与丙三醇是2 – 3官能度单体反应体系，得到的是体形聚合物，难以得到线形聚合物。

【参考答案】

选择题4：B

选择题5：B

选择题6—7

6. 下列反应中，聚合机理属于逐步聚合的是（　　）。

A. 全同聚丙烯的制备　　　　　　　　B. 顺丁橡胶的合成

C. 丁基橡胶的合成　　　　　　　　　D. 尼龙 66 的合成

7. 工业上合成涤纶树脂（PET）最常采用的聚合方法为（　　）。

A. 熔融缩聚　　　　B. 界面缩聚　　　　C. 溶液缩聚　　　　D. 固相缩聚

 **解题思路**

第6题主要考查对一些常用聚合物聚合机理的区分和判断，知识点涉及了后面章节的内容。通常聚烯烃、聚二烯烃都是连锁聚合机理，而尼龙66、涤纶等缩聚物都是逐步聚合机理。全同聚丙烯、顺丁橡胶、丁基橡胶的聚合单体分别是丙烯、丁二烯、异丁烯＋异戊二烯，丙烯只有采用配位聚合才能得到立构规整的全同聚丙烯；丁二烯含有共轭双键，采用阴离子聚合或配位聚合均可得到顺丁橡胶；异丁烯＋异戊二烯只

能用阳离子聚合方式才可得到丁基橡胶，以上三种聚合方式均为双键的加成聚合反应，遵循连锁聚合的机理。只有尼龙66采用缩聚，遵循逐步聚合的机理。

第7题有关涤纶的聚合方法。涤纶是最典型的通过缩聚反应制备的聚合物，其分子量的增加遵循逐步聚合的机理。缩聚反应的实施方法有熔融缩聚、界面缩聚、溶液缩聚和固相缩聚四种。涤纶在工业上常采用熔融缩聚的方法制备，聚合体系中只有单体和少量的催化剂，不加入任何溶剂。在聚合过程中，原料单体和生成的聚合物均处于熔融状态，可采用连续法生产直接纺丝。熔融缩聚具有放热低，反应过程中的热量容易控制，生产工艺过程简单，生产成本较低，反应开始很长时间内黏度较低，产品后处理容易的特点。其缺点是：（1）要求严格控制功能基等摩尔比，对原料纯度要求高；（2）反应温度高（200～300℃），局部过热易发生副反应；（3）反应时间长，反应后期需高真空，对设备要求高。

溶液聚合是单体在溶液中进行聚合反应，可以是单一溶剂，也可以是几种溶剂混合。该方法广泛用于涂料、胶粘剂等的制备，特别适于分子量高且难熔的耐热聚合物，如聚酰亚胺、聚苯醚、聚芳香酰胺等。溶剂需要对单体和聚合物的溶解性均好。优点：（1）反应温度低，副反应少，可合成热稳定性低的产品；（2）传热性好，反应可平稳进行；（3）无须高真空，反应设备较简单。缺点：若需除去溶剂，后处理复杂；溶剂回收后残留溶剂对产品性能会造成影响等。通常工业上将溶液聚合与熔融聚合结合起来使用，先采用溶液聚合得到低分子量的产物，再采用熔融聚合提高分子量。高性能特种工程塑料聚酰亚胺能在300℃以上不分解、不熔化、不软化，可长期使用，由芳香二酐和芳香二胺缩聚而成，采用两步法制备。第一步，在室温下采用溶液聚合得到聚酰胺酸（PAA）预聚物，相对分子质量可达 $1.3 \times 10^4 \sim 5.5 \times 10^4$；第二步，在300℃高温下将聚酰胺酸加热固化成聚酰亚胺，从而获得高强度、高刚性、高耐热性。合成典型结构的聚酰亚胺反应过程如下：

界面缩聚是缩聚反应所特有的一种实施方法，将两种单体分别溶于两种不互溶的溶剂中，然后倒在一起，在两液相的界面上进行缩聚反应，由于聚合物不溶于溶剂，故会在界面析出。特点：（1）界面缩聚反应速率受单体扩散速率控制；（2）单体的反应活性高，聚合物在界面迅速生成，其分子量与总的反应程度无关；（3）对单体纯度与功能基等摩尔比要求不严；（4）反应温度低，可避免因高温而导致的副反应，有利于高熔点耐热聚合物的合成。缺点：通常采用十分活泼的酰氯单体，需要大量溶剂。聚碳酸酯与芳香尼龙通常采用界面缩聚制备。芳香尼龙聚对苯二甲酰对苯二胺的熔融温度（T_m）为530℃，基本不溶解于有机溶剂，无法采用溶液聚合或熔融聚合进行制备，通常采用对苯二甲酰氯与对苯二胺通过界面聚合制得，反应式如下：

$$n\text{H}_2\text{N}-\bigcirc-\text{NH}_2+n\text{ClOC}-\bigcirc-\text{COCl} \rightleftharpoons$$

$$\text{H}\left[\text{NH}-\bigcirc-\text{NHOC}-\bigcirc-\text{CO}\right]_n\text{Cl}+(2n-1)\text{HCl}$$

聚对苯二甲酰对苯二胺纤维又称对位芳纶，其制备过程一般包括浓硫酸溶解和湿法纺丝两个步骤，是重要的国防军工材料。由于对位芳纶分子链的刚性，其具有溶致液晶性，在溶液中受到剪切力作用时极易形成各向异性态织构。对位芳纶具有高耐热性，玻璃化温度在300℃以上，热分解温度高达560℃。利用其高抗拉强度和起始弹性模量，能够制成防弹衣、头盔。高的玻璃化转变温度和优异的热稳定性使芳纶纤维在弹道冲击所产生的高温下可以保证抗冲击结构的稳定性；高结晶性、高取向性产生了高模量，保证了其对轴向变形的快速反应；高弹性和中等延伸率使对位芳纶纤维具有高韧性，从而在纵向断裂时能有效地工作。

另一种芳纶聚间苯二酰间苯二胺由间苯二甲酰氯与间苯二胺通过界面聚合制备，其熔解温度为371℃，为非结晶性高聚物，可溶解于二甲基乙酰胺等许多有机溶剂。其制备反应式如下：

$$n\text{H}_2\text{N}-\bigcirc-\text{NH}_2 + n\text{ClOC}-\bigcirc-\text{COCl} \rightleftharpoons$$

$$\text{H}\left[\text{NH}-\bigcirc-\text{NHOC}-\bigcirc-\text{CO}\right]_n\text{Cl} + (2n-1)\text{HCl}$$

固相缩聚指单体或预聚体在固态条件下的缩聚反应。特点：（1）适用的反应温度范围窄，一般比单体熔点低15～30℃；（2）低聚物固相缩聚适用的反应温度在玻璃化温度与熔点之间；（3）聚合产物的分子量分布比熔融聚合产物的宽。采用固相缩聚法进行制备是因为其反应温度低，可以避免一些副反应，工业实际上主要用该方法来对采用其他聚合方法制备的产物进行后处理，以生产分子量非常高和高质量的聚合物。

【参考答案】
选择题6：D
选择题7：A

选择题8、判断题9

8. 下列聚合物中结构单元的元素组成与单体不同的是( )。
A. 聚苯乙烯　　　　　　　　　　　　B. 不饱和聚酯预聚物
C. 尼龙6　　　　　　　　　　　　　　D. 聚四氢呋喃

9. 尼龙66分子链中的结构单元也就是重复单元。　　　　　　　　　( )

 解题思路

此两题主要考查聚合物结构单元的元素组成与单体的异同知识点。

加聚物、开环聚合物的化学组成与单体相同，结构单元就是重复单元。而在制备缩聚物的聚合过程中有小分子物质释放，缩聚物的化学组成与单体通常不相同，结构单元与重复单元也不相同。聚苯乙烯是自由基聚合物，尼龙6、聚四氢呋喃都是开环聚合物，结构单元的元素组成与单体相同，结构单元就是重复单元。而不饱和聚酯预聚物、尼龙66为缩聚物，它们的结构单元的元素组成与单体不同，结构单元不是重复单元。

【参考答案】
选择题8：B
判断题9：×

选择题10—11、填空题12

10. 以下化合物与乙二醇进行缩聚反应，理论上能获得高分子聚合物的是( )。
A. 乙二酸　　　B. 丁二酸　　　　C. 对甲基苯甲酸　　　D. 甲酸

11. ω-羟基羧酸进行缩聚反应，能制得高分子量聚合物的是( )。
A. 羟基乙酸　　　B. 6-羟基己酸　　　C. 5-羟基丁酸　　　D. 3-羟基丙酸

12. $H_2N(CH_2)_3COOH$ 分子上含有可以相互反应的氨基和羧基，其易发生＿＿＿＿＿＿＿＿＿＿＿＿＿形成稳定的五元环内酰胺，$H_2N(CH_2)_6COOH$ 则易发生＿＿＿＿＿＿＿＿＿＿形成聚酰胺。

 解题思路

线形缩聚时，需考虑单体及中间产物的成环倾向。

成环反应与线形聚合是一对竞争反应，若分子间或分子内反应能够形成结构稳定的五元或六元环，则不能形成线形聚合物。乙二酸与乙二醇发生分子间成环，生成稳定的六元环产物；$H_2N(CH_2)_3COOH$、5-羟基丁酸分子上含有可以相互反应的氨基（或羟基）和羧基，若发生分子内成环反应形成稳定的五元或六元环内酯（或内酰胺），则得不到线形聚酰胺（或聚酯）。

对于 ω-羟基羧酸，其分子式为：$HO(CH_2)nCOOH$

当 $n=1$ 时，2 分子的羟基乙酸间先脱水，再分子内成环，反应过程如下：

$$2HOCH_2COOH \longrightarrow HOCH_2COOCH_2COOH \longrightarrow$$

当 $n=2$ 时，$HOCH_2CH_2COOH$ 发生羟基脱水反应，生成 $H_2C=CHCOOH$。

当 $n=3$ 或 4 时，易发生分子内成环反应形成稳定的五元或六元环内酯，反应式如下：

ω-氨基羧酸的情况与 ω-羟基羧酸相似。

【参考答案】

选择题 10：B

选择题 11：B

填空题 12：分子内成环反应　分子间缩聚反应

简答题 13

13. 写出聚苯醚、聚氨酯、尼龙 66、聚酯的单体分子式和常用的聚合反应式。

解题思路

名称	单体分子式	常用聚合反应式
聚苯醚		

续 表

名称	单体分子式	常用聚合反应式
聚氨酯	OCNRNCO + HOR'OH	nO=C=N—R—N=C=O + nHO—R'—OH $\longrightarrow$ $\left[\begin{smallmatrix}C\\\|\\O\end{smallmatrix}\begin{smallmatrix}N\\\|\\H\end{smallmatrix}-R-\begin{smallmatrix}N\\\|\\H\end{smallmatrix}\begin{smallmatrix}C\\\|\\O\end{smallmatrix}-R'-O\right]_n$
尼龙66	$H_2N(CH_2)_6NH_2$ + $HOOC(CH_2)_4COOH$	$nH_2N(CH_2)_6NH_2 + nHOOC(CH_2)_4COOH \longrightarrow$ $H[HN(CH_2)_6NHOC(CH_2)_4CO]_nOH + (2n-1)H_2O$
聚酯	$HO(CH_2)_4OH$ + $HOOC$—⬡—$COOH$	$nHO(CH_2)_4OH + nHOOC$—⬡—$COOH \longrightarrow$ $HO[CO$—⬡—$COO(CH_2)_4O]_nH +$ $(2n-1)H_2O$

选择题 14

14. 以下对缩聚反应的描述中哪个是错误的( )。

A. 无所谓链引发、增长、终止，各步速率常数和活化能基本相同

B. 单体、低聚物、缩聚物之间均能缩聚，使链增长，无所谓活性中心

C. 延长聚合时间主要是为了提高单体转化率，分子量变化则较小

D. 任何阶段，产物都由聚合度不等的同系物组成

解题思路

相比于自由基聚合，缩聚反应具有明显不同的特征。不同于自由基聚合，延长聚合时间主要是为了提高单体的转化率，缩聚反应主要是提高官能团的转化率，即反应程度，分子量也会增加，反应程度趋于1时，$\overline{X}_n$迅速增加。

线形缩聚与自由基聚合机理特征比较如下。

自由基聚合：

(1)由链引发、链增长、链终止等基元反应组成，且各步反应的活化能不同，具有慢引发、快增长、速终止的特点。

(2)存在自由基活性种，聚合在单体和活性种之间进行，单体增长成聚合物的时间极短，瞬间形成。

(3)单体转化率随时间增加，而聚合物分子量与时间几乎无关。

(4)微量阻聚剂可消灭活性种，使聚合终止。

线形缩聚：

(1)聚合发生在官能团之间，无所谓链引发、增长、终止，各步反应活化能和速率常数基本相同。

(2)单体、低聚物、缩聚物之间均能缩聚，无所谓活性中心。

（3）聚合初期转化率即达很高，官能团反应程度和分子量随时间逐步增大，只在聚合后期，才能获得高分子量产物。

（4）反应过程存在平衡，一旦平衡破坏，缩聚又可进行，无阻聚反应可言。

【参考答案】

C

简答题 15

15. 为什么在缩聚反应中要用官能团的反应程度描述反应过程而不用单体的转化率？

 解题思路

加聚反应中单体的转化率随反应时间的延长而增加，能反映聚合反应过程；而缩聚反应前期，两单体迅速反应转化为低聚物，单体的转化率达到很高，但此时聚合物的分子量还很低，因此单体的转化率不能反映聚合反应过程。缩聚反应过程示意图如下：

$$HOROH \ + \ HOOCR'COOH \Longrightarrow$$

$$HOROCOR'COOH \ + \ H_2O$$

HOROH ↙　　2　　↘ HOOCR'COOH

HOROCOR'COOROH　　　　　HOOCR'COOROCOR'COOH
三聚体　　　　　　　　　　　　　三聚体

↓

四聚体

官能团之间发生反应形成聚合物，其反应程度能反映聚合反应进程。反应程度（p）：参加反应的官能团数占起始官能团数的分数。两反应基团数量相等时，聚合度（$\overline{X_n}$）与反应程度 p 之间的关系式为：$\overline{X_n} = \dfrac{1}{1-p}$，用图表示如下：

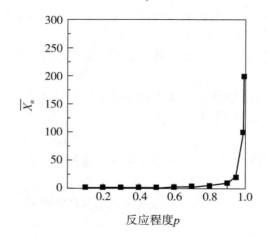

从上图可知，开始时随 p 增加，$\overline{X_n}$ 缓慢增加；后续反应程度从 0.9 增至 1 时，$\overline{X_n}$ 迅速增加，反应程度趋近于 1 时，可得到高聚合度的聚合物。

简答题 16

16. 等摩尔的二元羧酸与二元醇反应，所得聚酯的平均聚合度（$\overline{X_n}$）与反应程度（p）的关系如图（a）；二元羧酸过量投料，两基团比（r）在 0.9 到 0.992 之间，羟基的反应程度达到 1 时，所得聚酯的平均聚合度 $\overline{X_n}$ 随 r 的变化关系如图（b），试对两图进行解释说明。

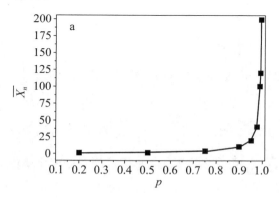

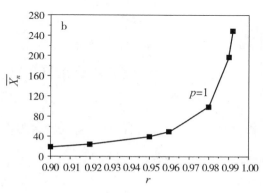

解题思路

缩聚通常发生在两种不同官能基团的单体之间，两种基团的比值会对反应进程造成很大的影响，相差过大的情况下则根本得不到高分子量的聚合物。

图（a）：当二元羧酸与二元醇等摩尔反应时，反应程度（p）从 0 增至 0.9 时，$\overline{X_n}$ 增加很慢；后续反应程度从 0.9 增至 1 时，$\overline{X_n}$ 迅速增长，反应程度趋近于 1 时，才能得到高聚合度的聚合物。使羧基与羟基等量的措施：第一，单体高度纯化以精确计量；第二，两者先反应生成羟基羧酸，使两反应基团在同一单体上，这样易实现数量相等。

图（b）：实际上由于单体纯度问题、称量问题、副反应问题、挥发问题等，两基团不相等是更常见的状态。当二元羧酸与二元醇基团数不相等时，其不等比对聚合物所能达到的最高聚合度有很大影响。下面推导 2－2 官能度单体反应，在一种基团不足的情况下，$\overline{X_n}$ 的计算公式。

令 N_a、N_b 分别为基团 a、b 的起始数，基团 a 为不足基团，两基团数比或不等比为 r，则 $r = \dfrac{N_a}{N_b} < 1$，设不足基团 a 的反应程度为 p，则 $\overline{X_n} = \dfrac{1+r}{1+r-2rp}$。

用以上公式，当不等比 r 为 0.9 时，$\overline{X_n}$ 最大只能达到 19，得不到高聚合度的聚合物；当 r 为 0.992 时，$\overline{X}_n$ 最大只能达到 249；当 r 趋近于 1 时，才有可能得到高聚合度的聚合物。由于缩聚物分子两端仍保留着可反应的官能团，故理论上只要平衡被破坏，两基团仍可反应。通常会采用某一单体稍稍过量的方式，实现有效端基封锁，限制端基之间的反应，防止进一步缩聚和逆反应，保证聚合度的稳定性。

简答题 17

17. 从必要性和可能性说明为什么在高分子合成工业中，缩聚的本体反应（指熔融缩聚）是用得最为广泛的实施方法而自由基本体聚合反应却较少采用的原因。

解题思路

聚合反应的实施方法要根据其热力学和动力学特征。缩聚的聚合热不大，$-\Delta H = 10 \sim 25 \text{ kJ/mol}$，活化能（$E_a$）却较高，$E_a = 40 \sim 100 \text{ kJ/mol}$，反应速率常数 k 为 $10^{-3} \text{ L/(mol·s)}$。根据平衡常数 K 对温度的变化率公式 $\dfrac{\mathrm{d}\ln K}{\mathrm{d}T} = \dfrac{\Delta H}{RT}$ 可知，尽管缩聚为放热过程，ΔH 为负值，T 增加会使平衡常数 K 降低，但聚合热不大，平衡常数 K 的变化率较小。为了保证合理的速率，缩聚反应多在 150 $\sim$ 275 ℃ 下进行。而烯烃加聚的特点是放热大，反应速率高，$-\Delta H = 50 \sim 95 \text{ kJ/mol}$，$E_a = 15 \sim 40 \text{ kJ/mol}$，$k$ 达 $10^2 \sim 10^4 \text{ L/(mol·s)}$，这样本体聚合反应过程中的热量则难以控制，因此很少应用。

熔融缩聚体系中只加单体和少量的催化剂，不加入任何溶剂，聚合过程中原料单体和生成的聚合物均处于熔融状态。熔融缩聚放热低，反应过程中的热量容易控制；反应开始很长时间内分子量和黏度较低，混合和副产物的脱除并不困难，产品后处理容易，还可以直接熔融纺丝，生产工艺过程简单，生产成本较低。因此重要的合成纤维尼龙 66、聚酯在工业上都是采用熔融缩聚的方法生产。

选择题 18

18. 含有活泼氢的（　　）在常温下可固化环氧树脂，属于室温固化催化剂。

A. 二亚乙基二胺 　　　　　　　　　　B. 四氢邻苯二甲酸酐

C. 叔胺 　　　　　　　　　　　　　　D. 马来酸酐

解题思路

环氧树脂是对分子中含有两个或以上环氧基团的一类聚合物的总称，使用最广泛的为双酚 A 缩水甘油醚型——简称双酚 A 型环氧树脂，约占总产量的 90%。它是一种典型的结构预聚合物，由过量环氧氯丙烷与双酚 A 在 NaOH 存在下，50～95 ℃下缩聚制得，相对分子质量为 340～3800，反应式如下：

$$(n+1)HO—\bigcirc—\underset{CH_3}{\overset{CH_3}{C}}—\bigcirc—OH + (n+2)CH_2—CH—CH_2 + (n+2)NaOH \longrightarrow$$

$$CH_2—CHCH_2 \big[O—\bigcirc—\underset{CH_3}{\overset{CH_3}{C}}—\bigcirc—O—CH_2CHCH_2 \big]_n O—\bigcirc—\underset{CH_3}{\overset{CH_3}{C}}—\bigcirc—O—$$

$$CH_2—CH—CH_2 + (n+2)NaCl + (n+2)H_2O$$

环氧树脂的外观由粘稠液体到固体树脂均有，其中平均相对分子质量小于 700，软化点低于 50℃的为低分子量环氧树脂。通常粘合剂大多采用低分子量环氧树脂。

由于环氧基的化学活性高，可用多种含有活泼氢的化合物使其开环，固化交联生成网状结构。常用的交联剂为伯胺、仲胺、有机羧酸和酸酐。伯胺和仲胺对环氧树脂的固化作用是通过氮原子上的活泼氢打开环氧基团，从而使之交联固化。脂肪族多元胺如乙二胺、己二胺、二亚乙基二胺、三乙烯四胺、二乙氨基丙胺等活性较大，能在室温下使环氧树脂交联固化，叫冷固化。而芳香族多元胺如间苯二胺以及叔胺活性较低，需在 150 ℃以上固化才能完全，叫热固化。

用伯胺固化环氧树脂时，第一步是伯胺和环氧基反应生成仲胺；第二步是生成的仲胺和环氧基反应生成叔胺，并且生成的羟基亦能和环氧基发生醚化，交联固化反应式如下：

$$R—NH_2 + CH_2—CH—CH_2\sim \longrightarrow R—NH—CH_2—CH—CH_2\sim \xrightarrow{交联}$$

$$RN\big(CH_2—CH—CH_2\sim\big)_2 + CH_2—CH—CH_2\sim \xrightarrow{醚化} RN\big(CH_2—CH—CH_2\sim\big)$$

环氧值是指 100 g 环氧树脂中的环氧基团摩尔数，是鉴别环氧树脂性质的最主要的指标，可用于鉴定环氧树脂的质量，或计算固化剂的用量。用多元胺作固化剂时，其用量可用下述公式计算：

$$W = \frac{G}{H} \times E$$

式中：G 为多元胺的相对分子质量；H 为多元胺中活泼氢的摩尔数；E 为环氧树脂的环氧值。

二元羧酸及其酐如四氢邻苯二甲酸酐、马来酸酐也可以固化环氧树脂，但必须在较高温下烘烤才能固化完全。羧基的固化过程是先与环氧基反应生成羟基，生成的羟基再和环氧基反应醚化，反应式如下：

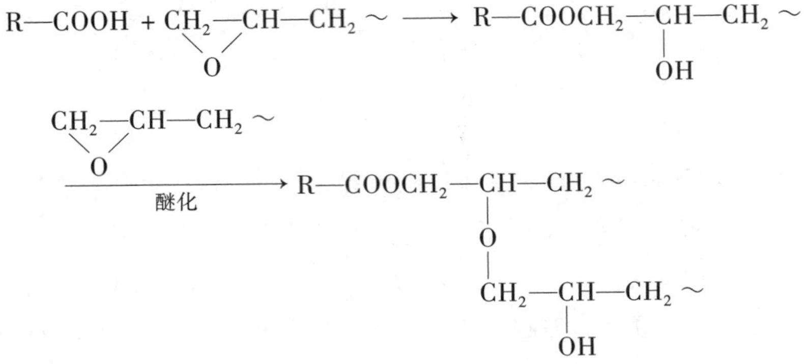

R—COOH + CH₂—CH—CH₂ ~ ⟶ R—COOCH₂—CH—CH₂ ~
O
OH
CH₂—CH—CH₂ ~
O
醚化
R—COOCH₂—CH—CH₂ ~
O
CH₂—CH—CH₂ ~
OH

酸酐的固化过程是酸酐基与环氧树脂中的羟基反应生成单酯，单酯中的羧基与环氧基发生加成酯化生成双酯，反应式如下：

CH
OH
O
COOH
H₂C—CH—CH₂
COOCH₂—CH—CH₂
OH

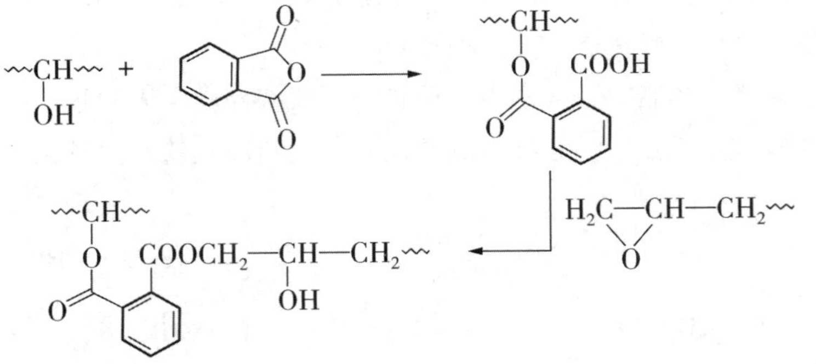

环氧树脂具有优良的粘接性，俗称万能胶，对木材、金属、玻璃、塑料、橡胶、皮革、陶瓷、纤维等都具有良好的粘合性能。

能使环氧树脂固化的化合物有很多种，题中的四氢邻苯二甲酸酐、叔胺、马来酸酐均可使环氧树脂固化，但活性较低，需在加热的条件下进行，只有二亚乙基二胺是伯胺，活性高，常温下即可固化环氧树脂。

【参考答案】

A

简答题 19

19. 与线形缩聚反应比较，体形缩聚反应有哪些特点？什么叫凝胶点？凝胶点的预测对体形缩聚反应过程的控制有何指导作用？

📖 解题思路

本题主要考查体形缩聚的特点与反应过程控制的方法，引入了非常重要的概念——凝胶点。

体形缩聚指 2 官能度单体与另一官能度大于 2 的单体先进行支化而后形成交联结构的缩聚过程，其最终产物被称为体形缩聚物，又被称为热固性高分子。体形缩聚的分子链在三维方向发生键合，结构复杂，随着聚合反应的进行，体系黏度突然增大，失去流动性；反应及搅拌所产生的气泡无法从体系中逸出，反应进行到一定程度时会出现凝胶化现象。

开始出现凝胶化时的反应程度（临界反应程度）被称为凝胶点，用 p_c 表示。

凝胶点的实验测定：通常以聚合混合物中的气泡不能上升时的反应程度作为凝胶点，可以从理论上预测。出现凝胶点时，一部分功能基团没有反应，聚合体系中既含有能溶解的支化与线形高分子，也含有不溶性的交联高分子，能溶解的部分叫作溶胶，不能溶解的部分叫作凝胶。交联高分子既不溶解也不熔融，加热也不会软化流动，具有尺寸稳定性好、力学强度高的特点。

热固性聚合物制品的生产过程多分为预聚物的制备和成型固化两个阶段，这两个阶段对凝胶点的预测和控制都很重要，特别是预聚时，要在凝胶点前停止反应，如果反应程度超过凝胶点，则预聚物在聚合釜内完成固化，无法取出，致使聚合釜报废。成型时，则需控制适当的固化速度与固化时间，以确保产物质量。凝胶点是体形缩聚中的首要控制指标。

选择题 20、填空题 21、简答题 22

20. 缩聚反应所共有的特征是（　　）。

A. 逐步特性   B. 平衡性

C. 逐步与可逆平衡性   D. 可逆平衡的程度

21. 合成聚酰胺的缩聚反应平衡常数比合成聚酯的缩聚反应平衡常数大，在合成相同聚合度的聚合物时，体系中允许的水分含量前者比后者_____。

22. 试讨论在平衡缩聚条件下，不同平衡常数范围内影响缩聚物分子量的主要因素。

解题思路

这三题均是考查缩聚反应的可逆平衡性方面的问题,缩聚反应所共有的特征是逐步性与可逆平衡性。

在平衡条件下,两基团数相等的 2－2 体系进行线形缩聚,在封闭体系中,$\overline{X_n} = \dfrac{1}{1-p} = \sqrt{K} + 1$,聚合度取决于平衡常数($K$);在非封闭体系中,$\overline{X_n} = \dfrac{1}{1-p} = \sqrt{\dfrac{Kc_0}{pn_w}}$,聚合度取决于平衡常数($K$)、反应基团的初始浓度($c_0$)、反应程度($p$)和小分子残留量($n_w$),聚合度与平衡常数、初始浓度($c_0$)乘积的平方根成正比,与反应程度、小分子残留量乘积的平方根成反比。

对于不同平衡常数的反应,对副产物小分子残留量有不同的要求:

(1) K 小,如聚酯,$K \approx 4$,小分子物质水对产物分子量影响很大,要在高真空下除去,严格控制小分子残留量,提高反应程度,以得到高分子量的产物;

(2) K 中等,如聚酰胺,$K \approx 300 \sim 400$,水对分子量有一定影响,聚合早期可以在水介质中进行,但后期也需要减压除去小分子水,提高反应程度以得到高分子量的产物;

(3) K 很大,如聚砜,$K > 1000$,可视为不可逆反应,水对反应没有影响。

【参考答案】

选择题 20:C

填空题 21:高

计算题 23

23. 相等的二元醇和二元酸进行缩聚,若平衡常数为 100,在密闭体系内反应,不除去副产物水,反应程度和聚合度能达到多少?若二元酸的起始浓度为 2.0 mol/L,要使聚合度达到 200,须将水的浓度降低到怎样的程度?

 解题思路

在平衡缩聚条件下,两基团数相等的二元醇和二元酸 2－2 体系进行线形缩聚,在密闭体系中聚合度决定于平衡常数,$K = 100$ 时,由 $\overline{X_n} = \dfrac{1}{1-p} = \sqrt{K} + 1$ 得到 $\overline{X_n} = 11$,这时 $p = 0.909$。

若二元酸的起始浓度为 2.0 mol/L,则羧酸基的浓度 $c_0 = 4.0 \, \text{mol/L}$,要使 $\overline{X_n} = 200$,

按 $\overline{X_n} = \sqrt{\dfrac{Kc_0}{pn_w}}$,得到 $n_w = 0.01$,即水的浓度需降低到 0.01 mol/L。

填空题 24、简答题 25

24. 生产尼龙 66，先制得 66 盐的目的是 _____，再加入少量的一元酸，目的是 _____。

25. 工业上通常采用将己二胺和己二酸预先中和并纯化制得 66 盐，再对 66 盐进行缩聚的方法制备聚酰胺 66，这样做的好处是什么？为什么反应体系中还会另外加入少量的醋酸？

解题思路

　　美国杜邦公司的卡罗瑟斯于 1937 年公布了聚酰胺 66 的发明专利，1939 年聚酰胺 66 工业化生产装置投入运转，当时聚酰胺 66 主要用于生产纤维、绳索。由于己二胺和己二酸的缩聚反应是可逆平衡反应，如果将两者直接缩聚，那么任一种原料过量，都会使大分子端基变为过剩原料的官能团，使缩聚反应终止，只能得到分子量较低的产物。因此，为了保证二元胺和二元酸等摩尔比反应得到高分子量尼龙 66，先制备尼龙 66 盐，然后再进行生产尼龙 66 的缩聚反应。另加少量的醋酸是为了封端，限制端基之间的反应，保证聚合度的稳定性。具体的聚合过程如下：(1)己二酸与己二胺中和生成 66 盐，并结晶提纯；(2)由于聚酰胺缩聚的平衡常数较大，约 400，可在水介质中预缩聚，因此先在 200～215 ℃ 和 1.4～1.7 MPa 下进行预缩聚，使反应程度达到 0.8～0.9；(3)添加醋酸封端；(4)聚酰胺 66 的熔点在 265 ℃ 以上，因此在 270～275 ℃，2700 Pa 下减压熔融缩聚。

【参考答案】
填空题 24：保证两反应基团等量　封端以稳定分子量

填空题 26、简答题 27

26. 用乙二醇和对苯二甲酸制备聚酯，最后缩聚需在高温高真空下进行，目的是 __ _____。

27. 在涤纶树脂生产中为什么不加分子量控制剂？在涤纶树脂生产中，是采用什么控制分子量的？

解题思路

　　1946 年英国发布了第一个制备涤纶聚酯的专利，1953 年美国杜邦公司建立了生产装置，最先实现了工业化。涤纶树脂由对苯二甲酸与乙二醇直接聚酯化得到。对苯二甲酸在常温下为白色结晶性粉末，加热不熔化，300 ℃ 以上升华，若在密闭容器中加

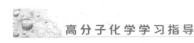
热，可于427℃熔化。但是对苯二甲酸微溶于水，不溶于四氯化碳、醚、乙酸和氯仿，难以用精馏、结晶等方法来提纯，若对苯二甲酸与乙二醇直接聚酯化会存在两反应官能团不等比的问题。涤纶树脂的传统工业生产方法是先将对苯二甲酸甲酯化生成对苯二甲酸二甲酯，再与乙二醇进行酯交换，使得到的对苯二甲酸乙二醇酯进行自缩聚而成。甲酯化生成的对苯二甲酸二甲酯，为无色斜方晶系结晶体，熔点为140.6℃，沸点为283℃，更容易精制提纯。绦纶树脂的具体制备过程如下：

（A）酯交换：在190～200℃下，醋酸镉和三氧化锑作催化剂，对苯二甲酸二甲酯与乙二醇进行酯交换生成聚对苯二甲酸乙二醇酯及低聚物；

（B）终缩聚：在260～300℃，在高于聚对苯二甲酸乙二醇酯低聚物熔点的温度下，三氧化锑作催化剂，聚对苯二甲酸乙二醇酯自缩聚，借减压和高温，不断馏出副产物乙二醇，逐步提高聚合度，反应式如下。

A

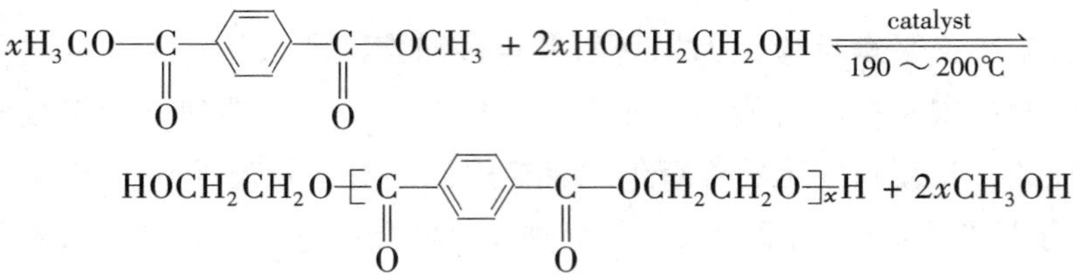

$$x\,\mathrm{H_3CO{-}C}{-}\!\!\!\!\!\bigcirc\!\!\!\!\!{-}\mathrm{C{-}OCH_3} + 2x\,\mathrm{HOCH_2CH_2OH} \xrightleftharpoons[190\sim200℃]{\text{catalyst}}$$

$$\mathrm{HOCH_2CH_2O}{-}\!\!\!\!\!\big[\mathrm{C}{-}\!\!\!\!\!\bigcirc\!\!\!\!\!{-}\mathrm{C{-}OCH_2CH_2O}\big]_x\!\mathrm{H} + 2x\,\mathrm{CH_3OH}$$

B

$$n\,\mathrm{HOCH_2CH_2O}{-}\!\!\!\!\!\big[\mathrm{C}{-}\!\!\!\!\!\bigcirc\!\!\!\!\!{-}\mathrm{C{-}OCH_2CH_2O}\big]_x\!\mathrm{H} \xrightleftharpoons[260\sim300℃]{\text{catalyst}}$$

$$\mathrm{HOCH_2CH_2O}{-}\!\!\!\!\!\big[\mathrm{C}{-}\!\!\!\!\!\bigcirc\!\!\!\!\!{-}\mathrm{C{-}OCH_2CH_2O}\big]_{nx}\!\mathrm{H} + (n-1)\mathrm{HOCH_2CH_2OH}$$

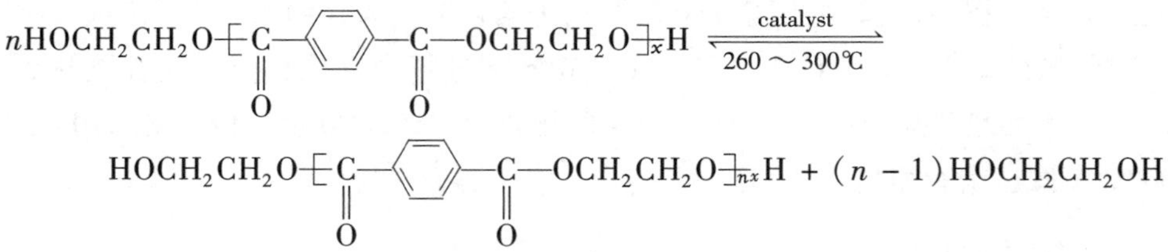

通过控制释放的小分子乙二醇的浓度来控制聚合物的分子量，该路线不存在缩聚过程中两基团不等所致的聚合度难以提高的问题，不需加分子量控制剂。

【参考答案】
填空题26：提高分子量

简答题 28

28. 在线形缩聚中，获得预定的较高分子量产物的两大关键是什么？线形缩聚物的合成须掌握哪些共同的基本原则？

解题思路

由于线形缩聚反应具有可逆平衡性，为获得预定的较高分子量产物，关键要做到：(1)尽量除去小分子，推动反应向聚合方向进行；(2)严格保证反应基团等当量。

合成线形缩聚物共同的基本原则：（1）采用副反应最少的反应体系；（2）在高浓度下进行，增加反应速率，减少成环；（3）反应物应纯度高，等当量或基本等当量；（4）促使平衡向聚合方向进行；（5）提高反应程度。

选择题 29

29. 在 1 mol 甘油和 5 mol 邻苯二甲酸酐（苯酐）反应系统中，$\bar{f} = ($)，$p_c = ($)。

A. $\bar{f} = 2.17$ B. $\bar{f} = 1$ C. $p_c = 0.922$ D. $p_c =$ 不存在

解题思路

本题主要考查对卡罗瑟斯法计算 p_c 公式的理解和运用。

估算 p_c 的方法之一为卡罗瑟斯法，该方法引入单体的平均官能度概念，指混合单体中平均每一单体分子带有的官能团数，用 $\bar{f}$ 表示。当两基团数量相等时，$\bar{f} = \dfrac{\sum N_i f_i}{\sum N_i}$；两基团数量不相等时，则 $\bar{f} = \dfrac{2 \times \text{较少官能团数}}{\text{总分子数}}$。

卡罗瑟斯认为出现凝胶化时，$\overline{X}_n \to \infty$ 是其理论基础，得出 $p_c = \dfrac{2}{\bar{f}}$。实际上，凝胶化时 $\overline{X}_n$ 并非无穷大，仅为几十，卡罗瑟斯法计算的凝胶点较高，为上限，高于实际值。

本题实际上在 1 mol 甘油和 3 mol 苯酐反应后，端基被酸酐基封锁，余下的 2 mol 苯酐不再能反应。当两反应基团不相等时，只能用 $\bar{f} = \dfrac{2 \times \text{较少官能团数}}{\text{总分子数}}$ 来计算，结果是 1，因此不存在凝胶问题。

估算 p_c 的方法之二为弗洛里（Flory）统计法，对于两种 2 官能度单体（A－A＋B－B），另加多官能团单体 $A_f (f > 2$，与单体 A 具有相同的官能团）的体系，

$$p_c = \frac{1}{\left[r + r\rho(f - 2) \right]^{\frac{1}{2}}}$$

式中，r 为 A_f 中的 A 占总 A 的分数，$\rho = \dfrac{N_c f_c}{N_a f_a + N_c f_c}$。弗洛里统计法计算的凝胶点较低，为下限，低于实际值。在该公式中没有 $\bar{f}$，所以本题不能采用弗洛里统计法。

【参考答案】

B   D

简答题 30—32

30. 写出聚氨基甲酸酯即聚氨酯的聚合反应式，聚合机理以及聚氨酯弹性纤维的作用原理。

解题思路

聚氨酯是由含活泼氢功能基的亲核化合物(如多元醇与含异氰酸酯基化合物)进行亲核加成聚合而成，特征基团为—NHCOO—，属于杂链聚合物，有聚酯型和聚醚型两大类。尽管反应类型属于加成反应，但聚合物的形成是逐步机理。通过调节多元醇或多异氰酸酯的种类、官能团、相对分子质量、相对比例等方式，可在很大范围内改变聚氨酯的性能。聚氨酯最早于 1937 年由奥托·拜耳等研制出，现以制作泡沫塑料为主，还可用于制造聚氨酯弹性纤维(氨纶)、聚氨酯弹性体等。

二异氰酸酯与二元醇的反应式为：

$$n\mathrm{O{=}C{=}N{-}R{-}N{=}C{=}O} + n\mathrm{HO{-}R'{-}OH} \longrightarrow \left[\!\!\begin{array}{c}\mathrm{C}\\ \|\\ \mathrm{O}\end{array}\!\!-\!\!\begin{array}{c}\mathrm{N}\\ |\\ \mathrm{H}\end{array}\!\!-\mathrm{R}-\!\!\begin{array}{c}\mathrm{N}\\ |\\ \mathrm{H}\end{array}\!\!-\!\!\begin{array}{c}\mathrm{C}\\ \|\\ \mathrm{O}\end{array}\!\!-\mathrm{O}-\mathrm{R'}-\mathrm{O}\right]_n$$

主要的二异氰酸酯有二苯甲烷二异氰酸酯(MDI)、甲苯二异氰酸酯(TDI)等，其中 4,4′-二苯甲烷二异氰酸酯是应用最广泛的。以下为主要的二异氰酸酯和多异氰酸酯的结构式：

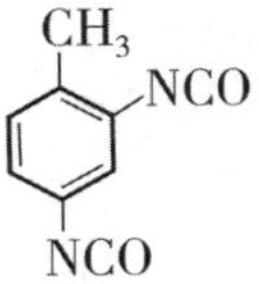

TDI（2,4体）

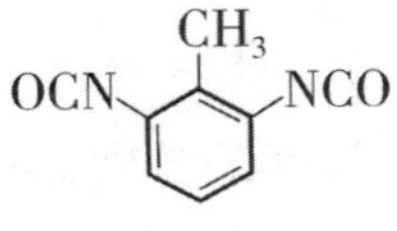

TDI（2,6体）

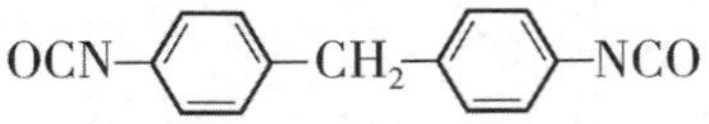

MDI

OCN—$(CH_2)_6$—NCO

HDI

NDI

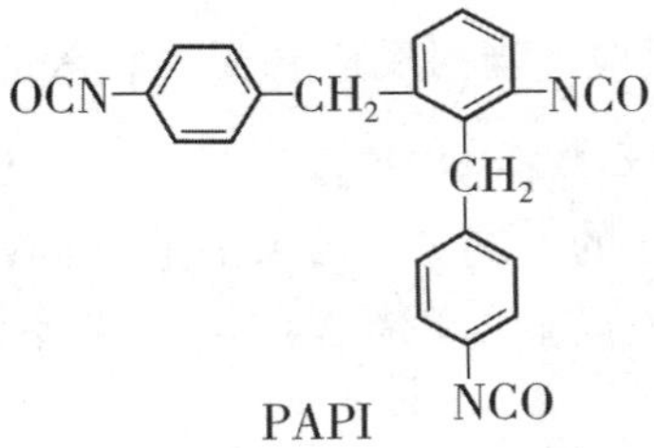

PAPI

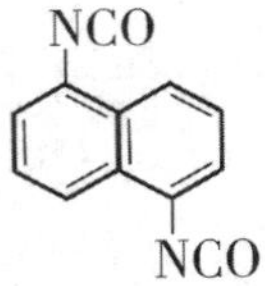

聚氨酯为嵌段共聚物，软段为聚酯或聚醚，占 60% 以上，相对分子质量为 1500～3000，链段柔顺，不结晶，室温下处于高弹态；硬段由二异氰酸酯与短链二醇如丁二醇聚合而得，占 40% 以下，相对分子质量为 500～700。两种链段间分子作用力相差极大，硬链段之间形成较强的氢键，起物理交联作用(如下图)，加热后被破坏，冷却后形成，可逆。

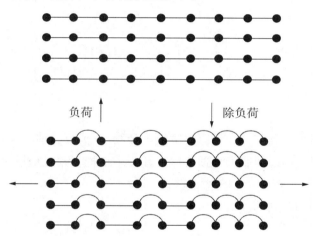

聚氨酯弹性纤维的作用原理是在外力作用下，软链段被拉伸；应力消除时软链段恢复卷曲状态，产生较大的弹性，作用模型如下。

负荷 ↑   ↓ 除负荷

31. 甲醛与苯酚反应平衡常数高、速率大，可以在水中进行。试问：在碱催化、甲醛过量的条件下反应是否产生凝胶现象，为什么？

解题思路

酚醛树脂是被最早研制并商品化的合成高分子材料，主要用于制造各种塑料、涂料、胶粘剂、层压板等，以苯酚和甲醛为单体通过缩聚反应制备。由于苯酚的官能度(f)为3，故与官能度(f)为2的甲醛反应可能生成无规预聚物。此外，甲醛与苯酚的反应平衡常数高、速率大，可以在水中进行。改变苯酚和甲醛的摩尔比、pH、温度、催化剂等反应条件，可以得到无规的和线形的酚醛树脂。在碱催化下，苯酚脱去邻、对位上的氢，处于共振稳定的阴离子状态，所得邻对位苯酚阴离子与甲醛进行亲核加成，生成一羟甲基苯酚，反应过程如下：

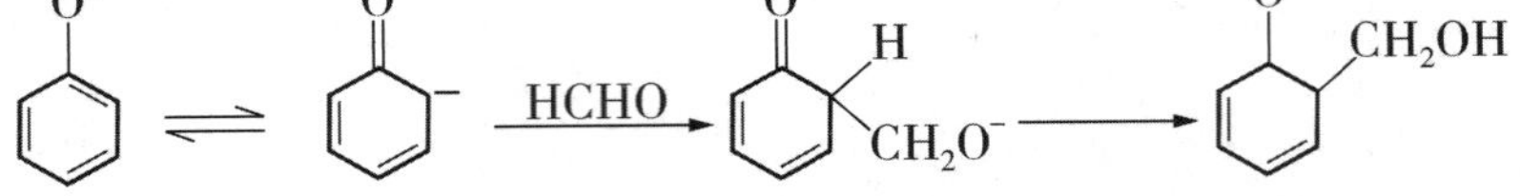

在甲醛过量的情况下，如苯酚和甲醛的摩尔比为 6∶7（基团比为 9∶7），甲醛与苯酚进行多次加成，形成一羟甲基苯酚、二羟甲基苯酚和三羟甲基苯酚的混合物，结构式如下：

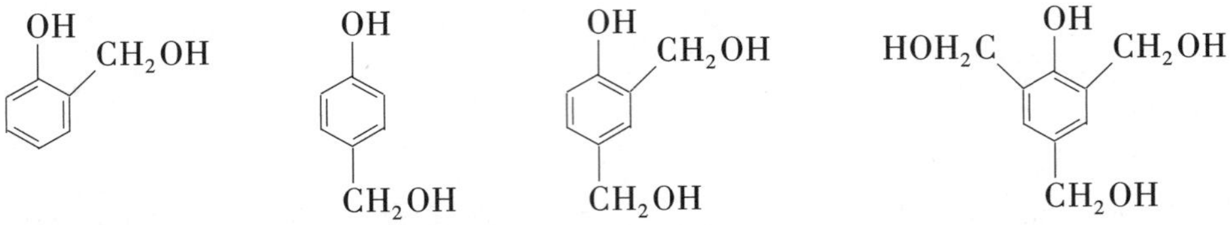

羟甲基苯酚中的羟甲基与苯酚上的氢加成缩合，形成由亚甲基桥连接的多元醇酚，反应式如下：

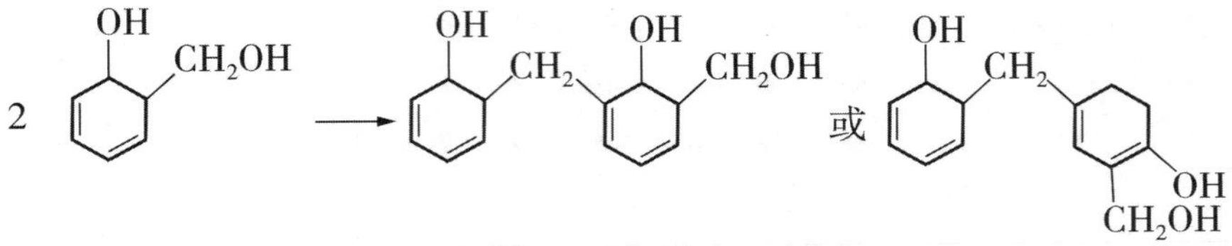

经过多次加成缩合反应，在反应程度低于凝胶点（$p < p_c$）前停止反应，得到由多元醇酚组成的低分子量酚醛树脂无规预聚体，其分子结构上未反应的官能团呈无规排布，经加热或改变 pH 等，再进一步反应交联。

无规预聚物产物的结构如下：

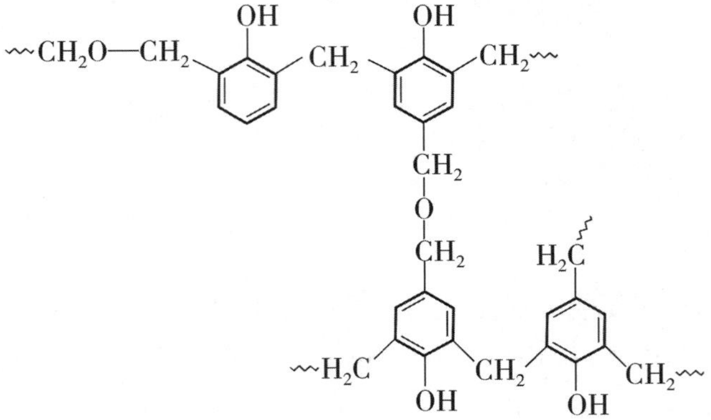

在磷酸、草酸等酸的催化（pH = 4.5 ~ 6，邻位氢活泼）作用下，甲醛羰基质子化后，与苯酚进行亲电苯核取代反应，当苯酚与甲醛摩尔比为 6∶5，苯酚过量、甲醛缺

乏时，得到线形热塑性的结构预聚物，其相对分子质量为 $230 \sim 1000$，每分子中苯环个数为 $6 \sim 10$ 个。反应过程如下：

$$H_2C=O \overset{H^+}{\rightleftharpoons} CH_2=OH^+ \rightleftharpoons CH_2^+-OH$$

线形酚醛树脂通常采用六亚甲基四胺 $[(CH_2)_6N_4$，乌洛托品] 固化。六亚甲基四胺的结构式如下，受热分解提供亚甲基交联，相当于 $6 \, mol$ 甲醛，另产生 $4 \, mol$ 氨，可与酚醛树脂结合产生苄胺桥。

32. 典型的结构预聚物不饱和聚酯预聚物的结构如何调控？如何交联？

解题思路

预聚物分为无规预聚物和结构预聚物两类。由官能度为 2 的单体与官能度大于 2 的单体进行聚合，这样得到的预聚体中未反应的官能团呈无规排布，需在反应程度低于凝胶点 $(p < p_c)$ 前停止反应；经加热或改变 pH 等再实现交联固化。典型的无规预聚物有醇酸树脂、碱催化下的酚醛树脂。结构预聚物为线形结构，基团结构比较清楚，其聚合与交联分别采用不同的反应，在预聚步骤中无交联反应发生，相对分子质量控制在 $500 \sim 5000$，可为液态或固态。不饱和聚酯为典型的结构预聚物。

不饱和聚酯预聚物的形成采用缩聚反应，交联固化采用自由基聚合，其聚合与交联分别采用不同的反应。不饱和聚酯预聚物一般是由不饱和二元羧酸或酸酐与二元醇缩聚而成，分子主链上含有酯键和不饱和双键，双键可以和乙烯基单体如苯乙烯、甲基丙烯酸甲酯等通过自由基聚合实现交联，使不饱和聚酯树脂从可溶、可熔状态转变成不溶、不熔状态。马来酸酐与乙二醇在 190～220 ℃通过聚酯化缩聚反应形成最简单的不饱和聚酯预聚物。由于聚酯化反应的平衡常数较低，常用对甲苯磺酸作催化剂来提高反应速率；用饱和苯酐代替部分马来酸酐进行共缩聚以降低双键含量，从而降低交联密度。预聚物形成的反应式如下：

$$n\underset{O}{\overset{O}{\bigcirc}}\,O + n\text{HOCH}_2\text{CH}_2\text{OH} \longrightarrow -\!\!\!\Big[\text{OCH}_2\text{CH}_2\!-\!\text{OOC}\!-\!\text{CH}\!=\!\text{CH}\!-\!\text{CO}\Big]_n$$

计算题 33—37

33. 166 ℃时乙二醇与己二酸缩聚，测得不同时间下羧基的反应程度如下：

时间 t/min	12	37	88	170	270	398	596	900	1370
p	0.2470	0.4975	0.6865	0.7894	0.8500	0.8837	0.9084	0.9273	0.9405

（1）求对羧基浓度的反应级数，判断自催化或酸催化。

（2）求速率常数，浓度以 [COOH]（mol/kg 反应物）计，$[\text{OH}]_0 = [\text{COOH}]_0$。

解题思路

根据 p，求出不同时间对应的 $\overline{X_n}$，然后以 $\overline{X_n} - t$，$(\overline{X_n})^2 - t$ 作图，如果前者呈直线关系，则为酸催化，如果后者呈直线关系则为自催化。如果是自催化，则斜率 $K = 2c_0^2 k$，以此求出速率常数 k。

t/min	12	37	88	170	270	398	596	900	1370
p	0.2470	0.4975	0.6865	0.7894	0.8500	0.8837	0.9084	0.9273	0.9405
$\overline{X_n}$	1.33	1.99	3.19	4.75	6.67	8.60	10.92	13.75	16.81
$(\overline{X_n})^2$	1.77	3.96	10.18	22.56	44.49	73.96	119.25	189.06	282.58

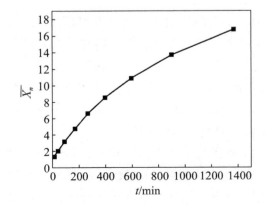
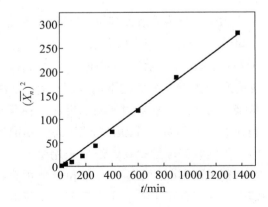

线性拟合后，图中直线方程为：$(\overline{X_n})^2 = 0.2028t + 1$，符合自催化三级反应。$(\overline{X_n})^2 - t$ 呈线性关系：$(\overline{X_n})^2 = 2c_0^2 kt + 1$，则

$$K = 2c_0^2 k = 0.2028 \quad 因此 k = 0.1014/c_0^2 (\text{kg}^2 \cdot \text{mol}^{-2} \cdot \text{s}^{-1})$$

其中 $c_0 = [\text{COOH}]_0$。

34. 等摩尔的丙二醇和己二酸缩聚，在聚合过程中，有 0.4 mol% 丙二醇挥发，求该聚合反应得到的聚己二酸丙二醇酯最大数均分子量和质均分子量可能是多少？

解题思路

等摩尔的丙二醇和己二酸缩聚，在聚合过程中由于丙二醇挥发造成羟基不足，两基团不等，因此要用不等比的公式计算 $\overline{X_n}$。

设丙二醇和己二酸的摩尔数均为 1 mol，实际参与反应的丙二醇则为 0.996 mol，故 $r = 0.996$。

题目求最大数均分子量和质均分子量可能是多少，即要假设不足羟基的 $p = 1$，那么 $\overline{X_n} = (1 + r)/(1 - r) = 499$，$\overline{\text{DP}_n} = 499/2$。重复单元分子量 $M_0 = 186$，对两单体缩聚有如下表达式：$\overline{M_n} = \overline{\text{DP}_n} \times M_0 = \dfrac{\overline{X_n}}{2} \times M_0$，代入数据则为

$$\overline{M_n} = (499/2) \times 186 = 4.64 \times 10^4$$

$$\frac{\overline{M_w}}{\overline{M_n}} = 1 + p \approx 2 \qquad \overline{M_w} = 2 \times \overline{M_n} = 9.28 \times 10^4$$

35. 等摩尔的二元醇和二元酸缩聚，另加醋酸 1.0%（相对于二元酸的摩尔分数），当反应程度 $p = 0.990$ 或 0.998 时，聚酯的聚合度（$\overline{X_n}$）分别是多少？

解题思路

等摩尔的二元醇和二元酸缩聚，另加醋酸 1.0%，这个反应体系中的羟基与羧基不等，需用不等比的公式计算 $\overline{X_n}$，先计算出不等比 r。

按题意 $r = 2/(2 + 2 \times 0.01) = 0.99$。按照 $\overline{X_n} = \dfrac{1 + r}{1 + r - 2rp}$ 可得，当 $p = 0.990$ 时，$\overline{X_n} = 66.8$；当 $p = 0.998$ 时，$\overline{X_n} = 142.1$。

36. 己二胺与己二酸按 1:1.005 的摩尔比投料直接进行缩聚，当己二胺反应程度为 0.994 时，所得 PA66 的数均分子量为多少？PA66 产物上端羧基与端氨基的比值是多少？

解题思路

（1）己二胺与己二酸不等，要先计算出不等比 r，按题意 $r = 2/2.01 = 0.995$

当 $r = 0.995$，$p = 0.994$ 时，则

$$\overline{X_n} = \frac{1+r}{1+r-2rp} = 118$$

$$M_0 = \frac{112+114}{2} = 113$$

$$\overline{M_n} = 113 \times 118 = 1.33 \times 10^4$$

（2）按题意，己二酸过量，将其基团数设为 N_b，己二胺基团数设为 N_a，则 $r = N_a/N_b = 0.995/1$，$p = 0.994$。

要求 PA66 产物上端羧基与端氨基之比值，需求两种基团的残留数。

残留端氨基数 $= N_a(1-p) = N_b r(1-p)$，两种官能团的反应数均为 $N_a p$，则残留端羧基数 $= N_b - N_a p = N_b(1-rp)$。

因此，氨基与羧基的数量比为：$r(1-p)/(1-rp) = 0.54$。

37. 用亚油酸、邻苯二甲酸，甘油、乙二醇制备醇酸树脂，其原料比为 $1.2:1.5:1.0:0.7$，当酯化反应完全时，数均聚合度是多少？反应中能产生凝胶吗？

 解题思路

本题有四种反应物，因为有 3 官能度的单体甘油存在，故存在产生凝胶的可能性。在告知了原料比的情况下考虑用卡罗瑟斯法计算 p_c。先需要对两种反应基团分类，然后算出两种基团数。

按题意，羧酸基（A）和羟基（B）的基团总数分别为：

$$\sum N_{Ai} f_{Ai} = 1.2 \times 1 + 1.5 \times 2 = 4.2$$

$$\sum N_{Bj} f_{Bj} = 1.0 \times 3 + 0.7 \times 2 = 4.4$$

从上可知两基团不相等，羟基过量，故用较少的羧酸基来计算平均官能度：

$$\overline{f} = \frac{2 \times 较少官能团数}{总分子数} = \frac{2 \times 4.2}{1.2+1.5+1.0+0.7} = \frac{8.4}{4.4} = 1.9091 < 2$$

$\overline{f}$ 小于 2，则反应过程中不产生凝胶，不足的羧酸基可以反应完全，其 $p = 1$。

对于这种复杂的反应体系，采用 $\overline{X_n} = \dfrac{2}{2-p\overline{f}}$ 公式计算 $\overline{X_n}$：

$$\overline{X_n} = \frac{2}{2-p\overline{f}} = \frac{2}{2-1 \times 1.9091} = \frac{2}{0.0909} = 22$$

由此可知，当酯化反应完全时，数均聚合度是 22。

第三章 自由基聚合

本章重点

- 连锁聚合的单体
- 自由基聚合机理*
- 链引发反应*
- 聚合速率(聚合动力学)*
- 分子量和链转移反应
- 阻聚和缓聚
- 分子量分布*
- 聚合热力学
- 影响自由基聚合的因素*

(标*的内容为本章的难点)

典型题型分析 1

选择题 1

1. 下列单体中适于自由基聚合的有(　　)，适于阳离子聚合的有(　　)，适于阴离子聚合的有(　　)。

A. CH_2=CHOOCCH₃

B. CH_2=C(CH₃)₂

C. CH_2=C(CN)₂

D. 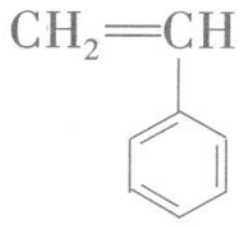 CH_2=CH

 解题思路

本题主要考查乙烯基单体对聚合机理的选择性这一考点，首先我们应当知道乙烯基单体中取代基的种类、性质和数量决定了单体对活性种的选择性。

做此类题目，我们首先要从位阻上来判断单体能否进行聚合。单取代烯类单体，即使取代基体积较大，也不妨碍聚合，如乙烯基咔唑。1,1-双取代的烯类单体，因分子结构对称性更差，极化程度增加，因此更容易聚合。取代基体积较大时例外，如1,1-二苯基乙烯不能聚合，只能形成二聚体。1,2-双取代的烯类化合物，因结构对称，极化程度低，位阻效应大，一般不能聚合。但有时能与其他单体共聚，如马来酸酐能与苯乙烯共聚。三取代、四取代的烯类化合物一般不能聚合，但氟代乙烯例外。例如：氟乙烯、1,1-二氟乙烯、1,2-二氟乙烯、三氟乙烯、四氟乙烯均可聚合，不论氟代的数量和位置，均极易聚合。原因在于氟原子半径较小，仅大于氢原子，不会造成空间位阻。

其次从电子效应来判断它属于哪一类的聚合，乙烯基单体取代基 R 的电子效应决定了单体接受活性种进攻的方式和聚合机理的选择。一般而言：

(1)带有共轭体系的单体三种机理均可以聚合，如苯乙烯、α-苯乙烯、丁二烯、异戊二烯等。此类单体的电子云流动性大，容易诱导极化，因此既可进行自由基聚合，也可进行阴、阳离子聚合。

(2)带有吸电子基团的单体可以进行自由基聚合和阴离子聚合，如腈基、羰基(醛、酮、酸、酯)等。吸电子基团使双键电子云密度降低，有利于阴离子的进攻，同时使阴离子增长种共轭稳定。

(3)带有推电子基团的单体则可以进行阳离子聚合，如烷基、烷氧基、苯基、乙烯基等。供电基团使 —C=C— 电子云密度增加，有利于阳离子的进攻，同时供电基团使碳正离子增长种电子云分散而共振稳定。

A 选项中的乙酸乙烯酯双键碳上只有一个取代基，不需要考虑位阻效应，由于氧原子的供电子共轭作用与吸电子诱导效应作用相抵，所以只能进行自由基聚合。

B 选项中的异丁烯虽然有两个取代基，但是其属于1,1-双取代烯类单体，也不需要考虑位阻效应。单个甲基的供电子能力弱，不足以进行阳离子聚合，但当有两个甲基时，供电子能力加强，有利于双键电子云密度增加和阳离子的进攻，所以异丁烯能进行阳离子聚合。

C 选项中的偏氰乙烯属于1,1-双取代烯类单体，不需要考虑位阻效应。氰基为吸电子基团，使双键电子云密度降低，有利于阴离子的进攻，所以当只有一个氰基取代时，能进行阴离子聚合，同时也能进行自由基聚合。但偏氰乙烯中含有两个氰基，吸电子能力太强，所以只能进行阴离子聚合。

D 选项中的苯乙烯为单取代烯类单体，不需要考虑位阻效应，共轭体系中的电子流动性较大，易诱导极化，同时共轭取代基能使活性中心稳定，所以苯乙烯能通过三种聚合机理进行聚合。

【参考答案】
A，D　B，D　C，D

融会贯通，相似知识点题型分析

选择题 2—4

2. 下列单体中适于自由基聚合的有(　　)，适于阳离子聚合的有(　　)，适于阴离子聚合的有(　　)。

A. $CH_2\!=\!\underset{\underset{COOCH_3}{|}}{\overset{\overset{CH_3}{|}}{C}}$

B. $CH_2\!=\!\underset{\underset{OC_4H_9}{|}}{CH}$

C. $CH_2\!=\!\underset{\underset{CH_3}{|}}{CH}$

D. $CH_2\!=\!\underset{\underset{NO_2}{|}}{CH}$

3. 下列单体中适于自由基聚合的有(　　)，适于阳离子聚合的有(　　)，适于阴离子聚合的有(　　)。

A. $CH_2\!=\!\underset{\underset{Cl}{|}}{CH}$

B. $CH_2\!=\!\underset{\underset{OC_2H_5}{|}}{CH}$

C. $CH_2\!=\!\underset{\underset{CH_3}{|}}{C}\!-\!CH\!=\!CH_2$

D. $CH_2\!=\!\underset{\underset{CN}{|}}{CH}$

4. 下列化合物可经自由基聚合制得高分子量聚合物的是(　　)。

A. 异丁烯
B. 氰基丙烯酸辛酯
C. 乙烯基丁醚
D. 丙烯酸丁酯

解题思路

选择题 2—4 均是考查烯类单体对聚合机理的选择性，与典型例题类似。所有选项中的单体均为单取代烯类单体和 1,1-双取代烯类单体，不需要考虑位阻效应。

选择题 2 中 A 选项甲基丙烯酸甲酯属于 1,1-双取代烯类单体，甲基具有弱供电性，酯基具有吸电子能力，且酯基的吸电子能力要强于甲基的供电子能力，所以总体表现为吸电，能进行阴离子聚合，也能进行自由基聚合。B 选项中的—OC_4H_9 具有供电子能力，使 $C\!=\!C$ 双键的电子云密度增加，有利于阳离子的进攻，能发生阳离子聚合。C 选项丙烯中的甲基供电子能力弱，不能进行阳离子聚合，自由基聚合时也会发生自阻聚作用，所以三种聚合均不能发生。D 选项中的硝基吸电子能力极强，只能进行阴离子聚合。

选择题 3 中 A 选项为氯乙烯，氯原子有吸电子的诱导效应和供电子的共轭效应作用相抵，所以只能进行自由基聚合。B 选项中的—OC_2H_5 具有供电子能力，使 $C\!=\!C$ 双键的电子云密度增加，有利于阳离子的进攻，能发生阳离子聚合。C 选项中异戊二烯带有共轭体系，共轭取代基能使活性中心稳定，所以能进行自由基聚合、阴离子聚合和阳离子聚合。D 选项中的氰基具有吸电子能力，所以能进行阴离子聚合，也能进行自由基聚合。

选择题 4 中 A 选项异丁烯有两个甲基，供电子能力加强，有利于双键电子云密度增加和阳离子的进攻，所以异丁烯能进行阳离子聚合。B 选项氰基丙烯酸辛酯带有氰基和酯基两个基团，取代基的作用叠加，使得吸电子能力过强，只能进行阴离子聚合。C 选项乙烯基丁醚含有醚键，具有供电子能力，只能进行阳离子聚合。D 选项中丙烯酸丁酯含有酯基，具有吸电子能力，所以能进行阴离子聚合，也能进行自由基聚合。

【参考答案】
选择题 2：A B A，D
选择题 3：A，C，D B，C C，D
选择题 4：D

典型题型分析 2

简答题 5

5. 试从热力学角度分析大多数烯类单体的加成聚合反应为不可逆聚合反应。

 解题思路

单体能否聚合，可以从热力学和动力学两方面来考虑。热力学讨论的是聚合的可能性或倾向以及聚合 – 解聚的平衡问题。从热力学角度上看单体能否聚合的判据是聚合自由能差 ΔG 的大小，只有 $\Delta G < 0$，单体才有聚合的可能；若 $\Delta G > 0$，则聚合物将解聚，单体也不能发生聚合；若 $\Delta G = 0$，则单体聚合和聚合物解聚处于可逆平衡状态。

自由能差 ΔG 由焓差 ΔH，熵差 ΔS 组成：$\Delta G = \Delta H - T\Delta S$。根据 ΔH 和 ΔS 对 ΔG 的贡献，就可以判断单体能否发生聚合。大部分烯类的聚合熵 ΔS 近于定值，约等于单体分子的平移熵（$-120 \sim -100$ J·mol^{-1}·K^{-1}）。在一般的聚合温度（$50 \sim 100$ ℃）下，$-T\Delta S = 30 \sim 43$ kJ·mol^{-1}，且一般 $-\Delta H > 40$ kJ·mol^{-1}，故大多数烯类单体都有发生聚合反应的可能。

此外，在某一临界温度下，若 $\Delta G = 0$，则 $\Delta H = T\Delta S$，聚合和解聚处于平衡状态。这一温度被称为聚合上限温度 T_c。一般加聚反应聚合温度超过 80 ℃的不多，但大多数单体的聚合上限温度 T_c 较高。因此在正常聚合温度下，平衡单体的浓度都很低，可以忽略不计，把该反应看作完全聚合的不可逆聚合反应。

【参考答案】
烯类单体的加成聚合反应是小分子转化为大分子的反应，大多数聚合反应放热，

单体聚合为大分子后无序性减小，所以烯类单体的加成聚合反应是熵值减小的放热过程，ΔS 为负值，ΔH 也为负值。从热力学角度来看，根据 $\Delta G = \Delta H - T\Delta S$ 可知，只有 ΔG 为负（即 $\Delta H < T\Delta S$）时，反应才能进行。

大部分烯类单体的聚合熵 ΔS 近于定值，为 $-120 \sim -100$ J·mol^{-1}·K^{-1}。在一般的聚合温度（$50 \sim 100$ ℃）下，$-T\Delta S = 30 \sim 43$ kJ·mol^{-1}，且一般 $-\Delta H > 40$ kJ·mol^{-1}，所以针对大多数烯类单体，都满足 $\Delta H < T\Delta S$。而且大多数单体的聚合上限温度 T_c 较高，因此在正常的聚合温度下，平衡单体的浓度都很低。所以大多数烯类单体在其正常的聚合温度下的加成聚合反应都可以被认为是不可逆聚合反应。

融会贯通，相似知识点题型分析

选择题6—7、判断题8

6. 聚合的极限（上限）温度是（　　　　）。

A. 聚合时的最高温度

B. 聚合和解聚处于平衡状态时的温度

C. 聚合物所能经受的最高温度

7. 开发一种聚合物时，单体能否聚合须从热力学和动力学两方面进行考察。热力学上判断聚合倾向的主要参数是（　　　　）。

A. 聚合熵 ΔS　　　　B. 聚合焓 ΔH　　　　C. 聚合上限温度

8. 甲基丙烯酸甲酯在220℃下也能顺利进行热聚合。　　　　　　　　　　　　（　　　）

 解题思路

选择题6：主要考查的是对于聚合的极限（上限）温度的理解。在某一临界温度下，$\Delta G = 0$，则 $\Delta H = T\Delta S$，聚合和解聚处于平衡状态，这一温度称为聚合上限温度 T_c。计算公式为 $T_c = \Delta H/\Delta S$，当 $T < T_c$ 时，$\Delta G < 0$，聚合成为可能；当 $T > T_c$ 时，$\Delta G > 0$，体系将处于解聚状态。所以聚合的极限（上限）温度指的是聚合和解聚处于平衡状态时的温度。

选择题7：$\Delta G = \Delta H - T\Delta S$，$\Delta G$ 的正负是单体能否聚合的判据，其大小决定于焓和熵的贡献，而大部分烯类的聚合熵 ΔS 近于定值，为 $-120 \sim -100$ J·mol^{-1}·K^{-1}，所以在一定的聚合温度下，可以通过聚合焓 ΔH 来初步判断聚合的可能性。也就是可以通过聚合热的大小初步判定单体的聚合能力，聚合热越大聚合倾向越大。

判断题8：我们可以根据 ΔH 和 ΔS 来估算聚合上限温度 T_c，然后将 T_c 与 $T = 220$ ℃ 比较，看能否顺利进行热聚合。当 $T < T_c$ 时，聚合成为可能；当 $T > T_c$ 时，体系将不能聚合。查询相关资料可知甲基丙烯酸甲酯的 ΔH 和 ΔS 分别为 56.5 kJ·mol^{-1} 和 117.2 J·mol^{-1}·K^{-1}。根据公式 $T_c = \Delta H/\Delta S$ 求得 $T_c = 482$ K $= 209$ ℃ $< T = 220$ ℃，所

以甲基丙烯酸甲酯在 220 ℃下不能进行热聚合。

【参考答案】

选择题 6：B

选择题 7：B

判断题 8：×

典型题型分析 3

简答题 9、选择题 10—11、填空题 12、计算题 13

9. 过氧化二苯甲酰和偶氮二异丁腈是自由基聚合常用的引发剂，有几种方法可以促使其分解为自由基？请写出二者的分解反应式。

10. 工业上乙烯的自由基聚合通常采用（　　　）作为引发剂。

　　A. 氮气　　　　　　B. 氧气　　　　　　C. 氢气

11. 在某特定的自由基聚合中，反应 t 小时后，测定了引发剂 C 和 D 的剩余量与引发剂初始含量的比值 $\dfrac{[I]}{[I]_0}$ 分别为 0.95 和 0.45，所以 C 的半衰期比 D 的半衰期（　　　）。

　　A. 短　　　　　　B. 长　　　　　　C. 相同

12. 自由基聚合中，使引发效率降低的原因主要有_____和_____。

13. 引发剂半衰期与温度常写成下列关系式：

$$\lg t_{1/2} = \frac{A}{T} - B$$

式中常数 A、B 与频率因子、活化能有什么关系？资料中经常介绍半衰期为 10 h 和 1 h 的分解温度，这有什么方便之处。过氧化二碳酸二异丙酯半衰期为 10 h 和 1 h 的分解温度分别为 45℃和 61℃，试求 A、B 两常数。

解题思路

简答题 9：主要考查的是对于两种常见引发剂分解过程的掌握情况。过氧化二苯甲酰（BPO）属于有机过氧类引发剂，有弱的过氧键—O—O—，加热易断裂产生自由基。而偶氮二异丁腈（AIBN）是最常见的偶氮类引发剂，在加热或者光照条件下促使 C—N 键均裂，分解生成稳定的 N_2 分子和自由基。

选择题 10：氧气有显著的阻聚作用，但在高温条件下，可作为引发剂。氧会和自由基反应，形成比较不活泼的过氧自由基，过氧自由基本身或与其他自由基歧化或偶合终止，从而产生阻聚作用。虽然聚合物过氧化物在低温时稳定，但在高温下却可能分解成活泼自由基，起到引发作用，如引发低密度聚乙烯的合成。

选择题 11：半衰期是指引发剂分解至起始浓度一半所用的时间。根据 $\ln \dfrac{[I]}{[I]_0} =$

$-k_d t$ 可得引发剂 C 和 D 的分解速率常数 k_d 分别为 $0.051/t$ 和 $0.799/t$。再根据 $t_{1/2} = \dfrac{0.693}{k_d}$ 可得 C 和 D 的半衰期分别为 $13.589t$ 和 $0.867t$。所以 C 的半衰期比 D 的半衰期要长。

填空题 12：引发剂分解后，往往只有一部分用来引发单体聚合，这部分引发剂占引发剂分解或消耗总量的比例称作引发剂效率。另一部分引发剂则因诱导分解和笼蔽效应而损耗。

计算题 13：求常数 A、B 与频率因子、活化能之间的关系，主要是要将引发剂分解速率常数与温度的关系遵循的阿伦尼乌斯经验式 $k_d = A_d e^{-E_d/RT}$ 与 $t_{1/2} = \dfrac{\ln 2}{k_d}$ 联立，化为 $\lg t_{1/2} = \dfrac{A}{T} - B$ 的形式，即可求得常数 A、B 与频率因子（A_d）、活化能（E_d）之间的关系。

当我们知道了引发剂半衰期为 10 h 和 1 h 的分解温度时，我们可以根据 $\lg t_{1/2} = \dfrac{A}{T} - B$ 联立方程，通过两个方程求出 A 和 B 的值，这样我们很容易计算出其他温度下的半衰期。

【参考答案】

简答题 9：加热和光照都可以促使过氧化二苯甲酰（BPO）和偶氮二异丁腈（AIBN）分解成自由基。分解反应式如下。

过氧化二苯甲酰：

$$C_6H_5\underset{\overset{\|}{O}}{C}-O-O-\underset{\overset{\|}{O}}{C}C_6H_5 \longrightarrow 2C_6H_5\underset{\overset{\|}{O}}{C}-O\cdot \longrightarrow 2C_6H_5\cdot + CO_2$$

偶氮二异丁腈：

$$(CH_3)_2\underset{\overset{|}{CN}}{C}N{=}N\underset{\overset{|}{CN}}{C}(CH_3)_2 \longrightarrow 2(CH_3)_2\underset{\overset{|}{CN}}{C}\cdot + N_2$$

选择题 10：B

选择题 11：B

填空题 12：诱导分解　笼蔽效应

计算题 13：引发剂分解速率常数与温度的关系遵循 Arrhenius 经验式：

$$k_d = A_d e^{-E_d/RT}$$

将 k_d 代入 $t_{1/2} = \dfrac{\ln 2}{k_d}$ 得 $t_{1/2} = \dfrac{\ln 2}{A_d \exp(-E_d/RT)}$，即 $\lg t_{1/2} = \lg \exp\left(\dfrac{E_d}{RT}\right) - \lg \dfrac{A_d}{\ln 2}$，所以 $A = \lg \exp\left(\dfrac{E_d}{R}\right)$，$B = \lg \dfrac{A_d}{\ln 2}$。

资料中经常提供半衰期为 10 h 和 1 h 时的分解温度，主要是为了计算出在其他温度下的半衰期。

半衰期为 10 h 时，$(t_{1/2})_1 = 36\,000 \text{ s}$，分解温度 $T_1 = 45 + 273 = 318(\text{K})$。

半衰期为 1 h 时，$(t_{1/2})_2 = 3600 \text{ s}$，分解温度 $T_2 = 61 + 273 = 334(\text{K})$。

将两组半衰期和分解温度分别代入 $\lg t_{1/2} = \dfrac{A}{T} - B$，两个未知数两个方程，求得 $A = 6638.25$，$B = 16.32$。

融会贯通，相似知识点题型分析

选择题 14—16

14. 过氧化二苯甲酰引发剂可引发的单体是（　　）。（可多选）

A. 苯乙烯　　　　　B. 甲基丙烯酸甲酯　C. 乙烯基乙醚　　　　　D. 异丁烯

15. 工厂设计某单体制备聚合物材料的工艺条件时，将反应温度设定为 80 ℃、选用的引发剂在 80 ℃下的半衰期为 5 小时，那么反应时间宜为（　　）。

A. 9 小时　　　　　　B. 3 小时　　　　　　C. 15 小时　　　　　　D. 6 小时

16. 某工厂的聚合物聚合工艺参数包括：反应温度设定为 70 ℃、反应时间为 8 小时。那么可选用的较适宜的引发剂为（　　）。

A. 70 ℃下半衰期为 3 小时　　　　　　B. 70 ℃下半衰期为 8 小时

C. 70 ℃下半衰期为 16 小时　　　　　　D. 70 ℃下半衰期为 24 小时

解题思路

选择题 14 是对烯类单体对聚合机理的选择性和引发剂种类两个知识点的综合考查。题目中过氧化二苯甲酰属于有机过氧类的引发剂，很明显是引发自由基聚合。A 选项中的苯乙烯共轭体系中的电子流动性较大，易诱导极化，同时共轭取代基能使活性中心稳定，能进行自由基聚合。B 选项中的甲基丙烯酸甲酯属于 1,1 - 双取代烯类单体，甲基具有弱供电性，酯基具有吸电子能力，且酯基的吸电子能力要强于甲基的供电子能力，所以总体表现为弱的吸电子性，能进行自由基聚合。C 选项中的乙烯基乙醚，双键碳接有 O 原子，O 原子为供电基团，所以不能发生自由基聚合。D 选项中的异丁烯有两个甲基，且接在同一个碳上，具有较强的供电性，所以不能发生自由基聚合。

选择题 15 和选择题 16 为同种类型的题，都考查的是引发剂的选择。为了使自由基的形成速率与聚合速率适中，一般选择半衰期与聚合时间同数量级或相当的引发剂。

【参考答案】

选择题 14：A，B

选择题 15：D

选择题 16：B

典型题型分析 4

简答题 17—21、填空题 22

17. 自由基聚合反应的转化率－时间曲线一般如下图曲线 1 所示呈 S 形，怎样才能使聚合速率平稳，转化率－时间曲线变成曲线 2 所示的均速聚合？试推导引发剂引发的自由基反应速率方程。

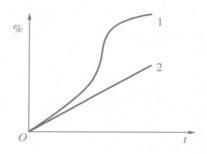

18. 烯类单体进行自由基聚合时，能否都采用聚合后期升温的办法来提高转化率？为什么？举例说明之。

19. 在自由基聚合反应过程中，何种条件下会出现自动加速现象？试讨论其产生的原因。

20. 在烯类单体的自由基聚合中，自动加速效应出现的迟早取决于什么？试从内因外因进行分析，并举例说明之。

21. 苯乙烯和甲基丙烯酸甲酯在相同条件下进行自由基本体聚合，试比较并扼要说明下列问题：

(1) 两种聚合物的序列结构；

(2) 链终止方式；

(3) 聚合物的支化程度；

(4) 自动加速现象；

(5) 采用过氧化物类引发剂时，引发效率 f 的大小。

22. 在自由基聚合反应中，终止速率常数比增长速率常数大得多，仍能够通过自由基聚合制得高分子量的聚合物材料的原因是_____。

 解题思路

简答题17：曲线1初期慢，中期加速，后期又转慢，采用低活性引发剂往往会出现这种情况。在聚合过程中，半衰期长的引发剂残留分率大，浓度变动较小，而且接近匀速分解，正常聚合速率的降低主要由单体浓度的降低所引起，降低的程度远不及凝胶效应所引起的加速效应显著，因此这两部分的叠加结果仍表现为聚合速率的加速。而曲线2则是选用半衰期适当的引发剂，使正常聚合速率的衰减与凝胶效应的自动加速部分互补，可能做到匀速反应。匀速聚合反应是工业上努力追求的目标。

在自由基聚合中，链引发、链增长、链终止三步基元反应都对总聚合速率有贡献。所以我们可以写出各基元反应的速率方程，结合三个假定，从而推导出引发剂引发的自由基反应速率方程。

简答题18：烯类单体在进行自由基聚合时，聚合后期升温是一种常用的策略，但并不适用于所有的情况，这是因为聚合后期升温可能会导致副反应的发生，降低聚合的选择性和控制性。具体是否可以采用聚合后期升温的方法需要考虑多种因素，包括单体的反应性质、聚合速率、副反应的可能性以及对聚合产物的要求等。

以乙烯的自由基聚合过程为例。乙烯是一种高活性的烯类单体，聚合反应速率高。在乙烯的聚合中，通常不需要采用聚合后期升温的方法来提高转化率，因为乙烯的聚合速率已经很高，可以在常温下迅速完成聚合反应。此外，乙烯的聚合反应相对简单，没有明显的副反应，因此不需要额外的控制措施。

再如甲基丙烯酸甲酯，其聚合反应速率高，且具有较高的活性，容易引发副反应，如链转移、偶联等。在聚合初期，甲基丙烯酸甲酯的聚合速率已经相当高，不需要通过额外的升温来加速反应。而聚合后期升温可能会加速副反应的发生，导致产物的分子量分布变宽，降低聚合反应的选择性和控制性。

总之，是否采用聚合后期升温的方法来提高烯类单体的转化率需要综合考虑反应性质、聚合速率、副反应的可能性以及对聚合产物的要求等因素，选择合适的聚合策略。

简答题19：自动加速现象主要是体系黏度增加所引起的，因此又称为凝胶效应。加速的原因可以用链终止受扩散控制来解释。链自由基的双基终止过程可以分为三步：链自由基质心的平移；链段重排，使活性中心靠近；双基发生化学反应而终止。其中链段重排是控制步骤，体系黏度是影响链段重排的主要因素。也就是说黏度的增加使得链段的重排受到阻碍，活性末端甚至可能被包埋，双基受扩散控制，终止困难，终止速率常数 k_t 下降。而此时体系黏度还不足以严重妨碍单体扩散，增长速率常数 k_p 变动不大，因此使 $k_p/k_t^{1/2}$ 增加了 $7\sim8$ 倍，活性链寿命延长十多倍，聚合速率显著提高，分子量也同时迅速增加，分子量分布变宽。

简答题 20：自动加速效应出现的迟早主要取决于体系黏度。内因主要是单体与聚合物的溶解性和聚合方式。外因则主要是影响体系黏度的因素，例如温度、链转移剂、溶剂等。

单体与聚合物的溶解性：（1）单体是聚合物的良溶剂，如苯乙烯－聚苯乙烯。大分子自由基链舒展，利于链段重排及双基终止，自动加速出现迟，转化率高于 40%（$C > 40\%$）；（2）单体是聚合物的不良溶剂，如甲基丙烯酸甲酯－聚甲基丙烯酸甲酯。大分子自由基链卷曲，不利于链段重排，自动加速提前，$C > 15\%$；（3）单体是聚合物的沉淀剂，如丙烯腈－聚丙烯腈。大分子自由基链被包埋，自动加速出现早，$C < 10\%$。

聚合方式：（1）均相体系，自动加速出现迟，甚至没有；（2）非均相体系，自动加速出现早；（3）沉淀聚合，一开始就出现自动加速。

温度：温度降低，体系黏度增加，有利于自动加速现象出现。

链转移剂和溶剂：体系分子量下降，黏度降低，不利于自动加速现象出现。

简答题 21：

（1）结构单元的键接方式受电子效应和位阻效应的影响。苯乙烯聚合，容易头－尾键接。因为头－尾键接时，苯基与独电子接在同一个碳上，形成共轭体系，对自由基有稳定作用；另一方面，亚甲基一端的位阻较小，也有利于头－尾键接。相反，聚甲基丙烯酸甲酯链自由基中取代基的共轭稳定作用比较弱，会出现较多的头－头键接。

（2）链终止方式与单体种类、聚合温度有关。聚丙烯腈几乎 100% 偶合终止，聚苯乙烯以偶合终止为主，聚甲基丙烯酸甲酯以歧化终止为主，而醋酸乙烯酯几乎完全是歧化终止。偶合终止的活化能较低，低温有利于偶合终止。升高聚合温度，歧化终止增多。

（3）逐步聚合中聚合物的支化程度主要取决于单体中官能团的种类和数目，而在连锁聚合中，聚合物的支化程度主要取决于大分子链自由基链转移的程度。链转移程度小，支化程度也越小。链转移程度大，支化程度也就越大。

（4）自动加速现象是随反应进行，聚合反应速率不仅不随单体和引发剂浓度的降低而降低，反而出现升高的现象。自动加速现象产生的根本原因是双基终止受阻。而影响双基终止的因素有单体与聚合物的溶解性、聚合方式以及一些其他因素。单体与聚合物的溶解性主要考虑聚合物是否溶于单体，溶解性越好，自动加速现象出现越迟。聚合方式则考虑是否为均相。如果是均相聚合，则自动加速现象出现迟；如果是非均相聚合或者沉淀聚合，则自动加速现象出现早。其他因素主要指的是使体系黏度增加的因素，例如温度降低会使得体系黏度增加，有利于自动加速现象出现。

（5）引发单体聚合的部分引发剂占引发剂分解总量的比例为引发剂效率。引发剂效率下降的主要原因是伴随诱导分解和笼蔽效应的副反应。诱导分解实际上是自由基向引发剂转移的反应。转移结果就是原来的自由基终止成为稳定的大分子，另产生一个新的自由基。转移前后自由基数目并无增减，只是消耗了一分子引发剂，从而使引发剂效率降低。笼蔽效应是指引发剂分解产生的初级自由基处于周围分子（如溶剂分子）的包围中，像处在笼子中一样，不能及时扩散出去引发单体聚合，因此就可能发生自由基偶合等副反应，形成稳定分子，从而使引发剂效率降低。苯乙烯等活性较高的单体容易被自由基所引发，自由基参与诱导分解的机会较少，故引发效率较高。相反，活性较低的甲基丙烯酸甲酯的引发剂效率就会较低。

填空题22：虽然在自由基聚合反应中，终止速率常数比增长速率常数大得多，但是体系内的单体浓度远大于自由基的浓度，因此链增长的速率要比链终止的速率大 3～5 个数量级，仍能够通过自由基聚合制得高分子量的聚合物材料。

【参考答案】

简答题17：选用半衰期适当的引发剂，使正常聚合速率的衰减与凝胶效应的自动加速部分互补，从而做到匀速反应。

推导过程：从聚合机理出发，推导低转化率下（$C < 10\%$）的动力学方程。

链引发由引发剂分解和初级自由基与单体加成两部分构成：

$$\text{I} \xrightarrow{k_{\text{d}}} 2\text{R}\cdot$$

$$\text{R}\cdot + \text{M} \xrightarrow{k_1} \text{RM}\cdot$$

由于单体自由基的生成速率远大于引发剂的分解速率，因此控速反应为第一步，引发速率仅决定于初级自由基的生成速率。但由于诱导分解和笼蔽效应，分解的引发剂并不全部生成单体自由基，因此引入引发剂效率 f。

引发速率表示为：

$$R_{\text{i}} = 2fk_{\text{d}}[\text{I}]$$

链增长为在单体自由基 $\text{RM}\cdot$ 上连续加上大量单体分子的反应，可表示为：

$$\text{RM}\cdot + \text{M} \xrightarrow{k_{\text{p1}}} \text{RMM}\cdot + \text{M} \xrightarrow{k_{\text{p2}}} \cdots \rightarrow \text{RM}_x\text{M}\cdot$$

假定一：等活性假定。链自由基的活性与链长无关，各步反应速率常数相等，可用 $[\text{M}\cdot]$ 来代表各种自由基的总的浓度。

链增长速率方程可以表示为：

$$R_{\text{p}} = k_{\text{p}}[\text{M}][\text{M}\cdot]$$

链终止速率以自由基的消失速率表示。

偶合终止速率　　　　$\text{M}_x^\cdot + \text{M}_y^\cdot \longrightarrow \text{M}_{x+y}$　　　$R_{\text{t}_{\text{c}}} = 2k_{\text{t}_{\text{c}}}[\text{M}\cdot]^2$

歧化终止速率　　　　$\text{M}_x^\cdot + \text{M}_y^\cdot \longrightarrow \text{M}_x + \text{M}_y$　　　$R_{\text{t}_{\text{d}}} = 2k_{\text{t}_{\text{d}}}[\text{M}\cdot]^2$

终止总速率　　　　　　　　$R_{\text{t}} = 2k_{\text{t}}[\text{M}\cdot]^2$

聚合速率可以用单体消失速率表示。一般高分子的聚合度很大，引发阶段消耗的单体远少于链增长消耗的单体。

假定二：聚合度很大。聚合速率等于链增长速率。

则

$$R = R_p = k_p[M][M\cdot]$$

由于自由基活泼，寿命极短，自由基浓度$[M\cdot]$很低，难以测量，所以要做第三个假定。

假定三：稳态假定。假定体系中的自由基浓度不变，引发速率和终止速率相等。

即

$$R_i = 2fk_d[I] = R_t = 2k_t[M\cdot]^2$$

则

$$[M\cdot] = \left(\frac{fk_d[I]}{k_t}\right)^{\frac{1}{2}}$$

所以聚合速率R：

$$R = R_p = k_p[M][M\cdot] = k_p\left(\frac{fk_d}{k_t}\right)^{\frac{1}{2}}[I]^{\frac{1}{2}}[M]$$

简答题18：烯类单体进行自由基聚合时，不能都采用聚合后期升温的办法来提高转化率。例如在甲基丙烯酸甲酯的聚合过程中，甲基丙烯酸甲酯的聚合反应速率较高，且其具有较高的活性，容易引发副反应，如链转移、偶联等。在聚合初期，甲基丙烯酸甲酯的聚合速率已经相当高，不需要额外通过温度升高来加速反应。而聚合后期升温可能会加速副反应的发生，导致产物的分子量分布变宽，降低聚合反应的选择性和控制性。

简答题19：体系黏度增加会出现自动加速现象。黏度的增加使得链段的重排受到阻碍，活性末端甚至可能被包埋，双基受扩散控制，终止困难，终止速率常数下降。而此时体系黏度还不足以严重妨碍单体扩散，增长速率常数变化不大，因此聚合速率显著增大，出现自动加速现象。

简答题20：自动加速效应出现的迟早取决于体系黏度。

内因包括以下几点。

单体与聚合物的溶解性：（1）单体是聚合物的良溶剂，如苯乙烯－聚苯乙烯。大分子自由基链舒展，利于链段重排及双基终止，自动加速出现迟，$C > 40\%$；（2）单体是聚合物的不良溶剂，如甲基丙烯酸甲酯－聚甲基丙烯酸甲酯。大分子自由基链卷曲，不利于链段重排，自动加速提前，$C > 15\%$；（3）单体是聚合物的沉淀剂，如丙烯腈－聚丙烯腈。大分子自由基链被包埋，自动加速出现早，$C < 10\%$。

聚合方式：（1）均相体系，自动加速出现迟，甚至没有；（2）非均相体系，自动加速出现早；（3）沉淀聚合，一开始就出现自动加速。

外因包括以下几点。

温度：温度降低，体系黏度增加，有利于自动加速现象出现。

链转移剂和溶剂：体系分子量下降，黏度降低，不利于自动加速现象出现。

简答题21：

(1)聚苯乙烯主要为头－尾键接，聚甲基丙烯酸甲酯有头－尾键接，但也会出现较多的头－头键接。

(2)聚苯乙烯以偶合终止为主；聚甲基丙烯酸甲酯以歧化终止为主。

(3)苯乙烯自由基向单体转移和向引发剂转移较少，支化程度较小；甲基丙烯酸甲酯自由基比较活泼，发生多种转移，支化较严重。

(4)苯乙烯是聚苯乙烯的良溶剂，大分子自由基链舒展，有利于链段重排和双基终止，自动加速现象推迟；甲基丙烯酸甲酯是聚甲基丙烯酸甲酯的不良溶剂，大分子自由基链卷曲，不利于链段的重排，自动加速现象提前。

(5)苯乙烯中的诱导分解和笼蔽效应较小，引发剂效率 f 较大；甲基丙烯酸甲酯中的引发剂诱导效应比较严重，引发剂效率 f 较小。

填空题22：体系内的单体浓度远大于自由基的浓度

融会贯通，相似知识点题型分析

填空题23—26、选择题27—29、判断题30—31、简答题32

23. 自由基聚合反应由 _____ 等基元反应组成。

24. 推导自由基聚合速率方程时，用了三个基本假定，它们是(1) _____，(2) _____，(3) _____。

25. 自由基聚合和缩聚反应中，分别用 _____ 和 _____ 来表示聚合反应进行的程度。

26. 丙烯的淤浆聚合不会出现自动加速效应，其本质原因是 _____。

27. 某工厂的自由基聚合车间需提高聚合速率，可采取的最有效的方法是(　　)。

A. 升高温度　　　　　　　　　　　B. 降低温度

C. 采用低活性引发剂　　　　　　　D. 采用高活性引发剂

28. 烯类单体进行自由基聚合一般都存在自动加速现象，而离子型聚合在聚合过程中不会出现自动加速现象，这是因为(　　)。

A. 体系黏度不大　　　　　　　　　B. 无双基终止

C. 无链终止　　　　　　　　　　　D. 没有发生向大分子链转移

29. 在烯类单体自由基聚合中，存在自动加速效应时，将不会出现以下哪种现象（　　）。

A. 产生凝胶　　　　　　　　　　B. 聚合速率提高

C. 聚合速率提高且分子量分布变窄　　D. 聚合速率提高且分子量分布变宽

30. 在自由基聚合反应中，聚合反应的温度升高，聚合速率提高，聚合物分子量降低。　　　　　　　　　　　　　　　　　　　　　　　　　　　（　　）

31. 自动加速效应使聚合物的分子量分布加宽。　　　　　　　　　　（　　）

32. 在苯乙烯和氯乙烯的自由基聚合中，试比较并扼要说明下列问题：

(1)两种聚合物的序列结构；

(2)链终止方式；

(3)聚合物的支化程度；

(4)自动加速现象；

(5)采用过氧化物类为引发剂时，引发效率 f 的大小。

解题思路

填空题 23：自由基聚合机理，即由单体分子转变为大分子的微观过程，由链引发、链增长、链终止、链转移等基元反应串、并联而成，应与宏观聚合过程相联系，但需加以区别。

填空题 24：我们不仅需要知道是哪三个假定，还需要了解各个假定的内容、含义和引入该假定的原因。

假定一：等活性假定。链自由基的活性与链长无关，各步反应速率常数相等，可用 $[M\cdot]$ 来代表各种自由基的总的浓度。

假定二：聚合度很大。聚合速率等于链增长速率。

假定三：稳态假定。假定体系中的自由基浓度不变，引发速率和终止速率相等。

填空题 25：

转化率是指参加反应的单体量占起始单体量的分数。

反应程度是指已经反应的官能团数占起始官能团数的分数。

对于缩聚反应而言，单体间两两反应很快全部变成二聚体，就单体转化率而言，转化率达 100%；而官能团的反应程度仅 50%。因此转化率不能有效地表示缩聚反应的程度。但对于自由基反应，转化率足以表明单体的反应情况。

填空题 26 和选择题 28 都属于一类题目，自由基聚合之所以会出现自动加速现象，本质是因为双基终止困难。而在离子聚合中，不存在自由基，更不存在双基终止，所以不会出现自动加速现象。

选择题 27 和判断题 30：升高温度会加速引发剂分解，从而提高聚合速率，但是同时会使得聚合度下降；降低温度会降低反应速率。低活性引发剂会使得反应初期的自由基数量少，聚合速率较低。但采用高活性引发剂时，聚合初期就有大量自由基产生，使得聚合速率很高。

选择题 29 和判断题 31：自动加速现象又称凝胶效应，所以会产生凝胶。自动加速现象就是随着聚合反应进行，体系黏度增加，双基终止困难，聚合反应速率提高的现象，所以聚合速率会提高。自动加速现象会使得反应所得聚合物分子量变大，分布变宽。

简答题 32：本题的解题思路与简答题 21 的解题思路基本一致。

【参考答案】

填空题 23：链引发、链增长、链终止、链转移

填空题 24：等活性假定　聚合度很大　稳态假定

填空题 25：转化率　反应程度

填空题 26：无双基终止

选择题 27：D

选择题 28：B

选择题 29：C

判断题 30：√

判断题 31：√

简答题 32：

(1)聚苯乙烯主要为头-尾键接，聚氯乙烯受温度影响较大，会出现较多的头-头键接。

(2)聚苯乙烯以偶合终止为主；聚氯乙烯以向单体链转移终止为主。

(3)苯乙烯自由基向单体转移和向引发剂转移较少，支化程度较小；氯乙烯链转移常数高，自由基比较活泼，发生多种转移，支化较严重。

(4)苯乙烯是聚苯乙烯的良溶剂，大分子自由基链舒展，有利于链段重排和双基终止，自动加速现象出现迟；氯乙烯是聚氯乙烯的沉淀剂，大分子自由基链被包埋，自动加速现象出现早。

(5)苯乙烯中的诱导分解和笼蔽效应较小，引发剂效率 f 较大；氯乙烯中的大分子自由基链易被包埋，笼蔽效应比较严重，引发剂效率 f 较小。

典型题型分析 5

简答题 33—34、选择题 35—36、计算题 37—39

33. 简述动力学链长和平均聚合度的定义，说明链转移反应对动力学链长和平均聚合度的影响，并试举一例说明利用链转移反应来控制聚合度的工业应用。

34. α-烯烃进行自由基聚合时，易发生向大分子转移，该转移反应会导致所得聚合物的结构和性质有哪些变化？

35. 氯乙烯的聚合车间通常通过控制温度来控制所得聚氯乙烯的分子量，原因是（　　）。

    A. 温度易于控制

    B. 氯乙烯的聚合属于自由基聚合

    C. 氯乙烯聚合无需加引发剂

    D. 在氯乙烯的聚合过程中易发生向单体转移

36. 下列单体中进行自由基聚合时向单体链转移常数最大的是（　　）。

    A. 丙烯腈　　　　B. 苯乙烯　　　　　C. 甲基丙烯酸甲酯　D. 氯乙烯

37. 苯乙烯在 60℃、AIBN 存在的条件下引发聚合，测得 $R_p = 0.255 \times 10^{-4} \, \mathrm{mol/(L \cdot s)}$，$\overline{X_n} = 2460$，偶合终止，忽略向单体链转移，求：

    （1）动力学链长；

    （2）引发速率 R_i。

38. 在 60℃ 下苯乙烯以 AIBN 为引发剂引发聚合，若无链转移反应，以双基结合终止生成聚合物。根据下列数据计算平均聚合度。

    ［M］＝3.5 mol/L，自由基寿命 $\tau = 8.8$ s，$k_p = 1.45 \times 10^2 \, \mathrm{L/(mol \cdot s)}$。

39. 苯乙烯单体在单体浓度［M］＝ 1.0 mol/L，引发剂浓度［I］＝ 0.01 mol/L，反应温度为 60℃ 的条件下聚合，可制得相对分子质量为 1.38×10^5 的聚苯乙烯。若要在上述条件下，通过添加链转移剂丁基硫醇来制备相对分子质量为 8.5×10^4 的聚苯乙烯，试计算需要加入的丁基硫醇的浓度是多少（已知丁基硫醇的链转移常数为 3.7）？

解题思路

简答题 33：我们首先要了解动力学链长 v 和平均聚合度 $\overline{X_n}$ 的定义以及二者的关系。在没有链转移的情况下，$\overline{X_n} = \dfrac{v}{\dfrac{C}{2} + D}$，式中的 C 和 D 分别代表偶合终止和歧化终止的比例。

动力学链长的定义为每个活性种从引发到终止所消耗的单体分子数。在无链转移的情况下动力学链长是很明确的。在有链转移反应(链转移反应是活性中心的转移,不是消失,所以动力学链并没有终止)时,转移后,动力学链尚未真正终止,仍在继续引发增长。因此链转移对动力学链长是没有影响的。但对于平均聚合度而言,聚合度等于动力学链长除以多次链转移和双基终止之次数和,所以链转移反应通常使平均聚合度下降。

链转移剂指通过链转移作用,达到分子量调节作用的物质,也称分子量调节剂。自由基聚合可以通过链转移调节聚合物的分子量。在工业生产中,聚氯乙烯通过向单体链转移来调节分子量,分子量由聚合温度所决定。合成丁苯橡胶时用十二碳硫醇来调节分子量。

简答题34:当进行 α-烯烃的自由基聚合时,发生向大分子的转移反应会对聚合物的结构和性质产生以下变化。

(1)形成支链。在大分子链上先产生活性点,再引发单体聚合,形成支链。向大分子的链转移除了会得到一个较小聚合度的高分子外,还会产生比原增长链聚合度更大的支化高分子,甚至交联高分子。

(2)分子量增加。转移反应导致聚合物链上的自由基转移到其他聚合物链上,使得聚合物链的长度增加,从而增加了聚合物的平均分子量。

(3)分子量分布变宽。转移反应导致聚合物链上的自由基转移至其他聚合物链上,这会导致聚合物的分子量分布变宽,即聚合物链的长度不再均一,而是存在一定的分子量差异。

(4)聚合物性质变化。转移反应可能会影响聚合物的物理和化学性质。例如,聚合物链的长度增加可以增强聚合物的黏度和粘弹性,而分子量分布的变宽可能会影响聚合物的溶解性、熔点和玻璃化转变温度等性质。

需要注意的是,链转移反应对聚合物结构和性质的影响取决于链转移反应的程度和条件。在聚合过程中,控制链转移反应的发生和反应程度可以通过调节反应条件、使用适当的反应剂以及优化聚合反应的参数来实现,从而对聚合物结构和性质进行精确控制。

选择题35和选择题36属于同一类型题目。氯乙烯聚合有一个特点,就是氯乙烯大分子链向单体的链转移常数特别高,比一般单体大 $1\sim2$ 个数量级,其链转移速率已经超过了正常的链终止速率,即 $R_{tr,M} > R_t$。结果使得聚氯乙烯的平均聚合度主要取决于向单体的链转移常数。链转移速率常数与链增长速率常数均随温度升高而增加,但前者的活化能大,温度的影响更加显著。聚氯乙烯的聚合度与引发剂浓度基本无关,仅由温度来控制,聚合速率或者时间则通过引发剂浓度来调节。

计算题 37：通过题目已知平均聚合度和链终止方式，可以求得动力学链长。然后在已知链增长速率的情况下，根据动力学链长的定义表达式即链增长速率和链引发速率之比，可以求得链引发速率。

计算题 38：求平均聚合度，可以先求动力学链长，再结合动力学链长的定义表达式即链增长速率和链引发速率之比及题目中的已知条件通过转换求得。

计算题 39：主要考查的是对于向链转移剂转移后聚合度的计算方法，只需要熟练掌握公式 $\dfrac{1}{X_n} = \left(\dfrac{1}{X_n}\right)_0 + C_S\dfrac{[\text{S}]}{[\text{M}]}$（其中 [S] 为溶剂的浓度），就可很容易求出结果，题目中的引发剂浓度、反应温度均为干扰条件。

【参考答案】

简答题 33：

动力学链长是指每个活性种从引发到终止所消耗的单体分子数。平均聚合度则是指每个大分子链上所连接的单体分子数。

链转移反应对动力学链长没有影响，但链转移反应通常会使平均聚合度下降。

在实际生产中，常常应用链转移原理控制聚合度，如丁苯橡胶的分子量由十二硫醇来调节，乙烯和丙烯聚合时采用 H_2 作为调节剂等。

简答题 34：

（1）形成支链。在大分子链上先产生活性点，再引发单体聚合，形成支链。向大分子的链转移除了会得到一个较小聚合度的高分子外，还会产生比原增长链聚合度更大的支化高分子，甚至交联高分子。

（2）分子量增加。转移反应导致聚合物链上的自由基转移到其他聚合物链上，使得聚合物链的长度增加，从而增加了聚合物的平均分子量。

（3）分子量分布变宽。转移反应导致聚合物链上的自由基转移至其他聚合物链上，这会导致聚合物的分子量分布变宽，即聚合物链的长度不再均一，而是存在一定的分子量差异。

（4）聚合物性质变化。转移反应可能会影响聚合物的物理和化学性质。例如，聚合物链的长度增加可以增强聚合物的黏度和粘弹性，而分子量分布的变宽可能会影响聚合物的溶解性、熔点和玻璃化转变温度等性质。

选择题 35：D

选择题 36：D

计算题 37：

（1）已知 $\overline{X_n} = \dfrac{v}{\dfrac{C}{2} + D}$，反应为偶合终止，则 $C = 1$，$D = 0$。因此，$v = \dfrac{1}{2}\overline{X_n} = \dfrac{1}{2} \times$

$2460 = 1230$。

（2）由 $v = \dfrac{R_p}{R_i}$ 可得

$$R_i = \frac{R_p}{v} = \frac{0.255 \times 10^{-4}}{1230} = 2.07 \times 10^{-8} \, mol/(L \cdot s)$$

计算题 38：

自由基寿命 $\tau = \dfrac{[M \cdot]}{R_t}$，$v = \dfrac{R_p}{R_i}$

根据稳态假定 $R_i = R_t$

链增长速率方程 $R_p = k_p[M][M \cdot]$

可得 $v = \dfrac{R_p}{R_t} = \dfrac{k_p[M][M \cdot]}{R_t} = k_p[M]\tau = 1.45 \times 10^2 \times 3.5 \times 8.8 = 4466$

平均聚合度 $\overline{X_n} = \dfrac{v}{\dfrac{C}{2} + D}$

全为偶合终止，则 $C = 1$，$D = 0$
故 $\overline{X_n} = 2v = 2 \times 4466 = 8932$

计算题 39：

因为 $\dfrac{1}{\overline{X_n}} = \left(\dfrac{1}{\overline{X_n}}\right)_0 + C_S \dfrac{[S]}{[M]}$

所以 $[S] = \dfrac{[M]\left[\dfrac{1}{\overline{X_n}} - \left(\dfrac{1}{\overline{X_n}}\right)_0\right]}{C_S}$

$$= \frac{1.0 \times \left(\dfrac{1}{8.5 \times 10^4/104} - \dfrac{1}{1.38 \times 10^5/104}\right)}{3.7} = 1.27 \times 10^{-4} \, (mol/L)$$

融会贯通，相似知识点题型分析

填空题 40—41、选择题 42、判断题 43、计算题 44—46

40. 在加聚反应中，引发剂浓度的平方根与反应速率成_____；与聚合物的分子量成_____。

41. 偶合终止时的平均聚合度是歧化终止时的_____倍。

42. 下列单体进行自由基聚合时，分子量与引发浓度基本无关，仅决定于温度的是（　　）。

A. 乙酸乙烯酯　　　　　B. 氯乙烯　　　　　C. 丙烯腈

43. 氯乙烯聚合时，向单体转移是主要的链终止方式，以致聚氯乙烯的聚合度与引发剂浓度无关，仅由温度来控制，故工业上合成聚氯乙烯时要严格控制聚合过程中的温度波动，通常需控制在 0.2～0.5℃ 以内。　　　　　　　　　　　　　　　　（　　）

44. 乙酸乙烯酯（浓度为 4M）在苯中于 60℃ 下聚合，过氧化苯甲酰（0.05M）作为引发剂，引发剂的分解速率常数为 1.11×10^{-6} s^{-1}。假设引发效率为 0.75，且 $(k_p/k_t^{1/2})=0.1838$，试计算：

（1）聚合速率；

（2）动力学链长。

45. 某单体进行自由基聚合反应，动力学链长为 8000，请计算：

（1）无链转移反应，偶合终止和歧化终止占比分别为 1.0 和 0，所得聚合物的平均聚合度；

（2）无链转移反应，偶合终止和歧化终止占比分别为 0 和 1.0，所得聚合物的平均聚合度。

46. 甲基丙烯酸甲酯在引发剂浓度 [I] = 0.01 mol/L、单体浓度 [M] = 1.0 mol/L，反应温度为 70℃ 的条件下聚合，可制得相对分子质量为 1.58×10^5 的聚甲基丙烯酸甲酯。若要在上述条件下，通过添加链转移剂丁基硫醇来制备相对分子质量为 9.0×10^4 的聚甲基丙烯酸甲酯，试计算需要加入的丁基硫醇的浓度是多少（已知丁基硫醇的链转移常数为 3.7）？

解题思路

填空题 40：这题主要考查的是对于聚合速率方程和动力学链长方程的掌握情况，根据聚合速率方程 $R_p = k_p \left(\dfrac{fk_d}{k_t}\right)^{\frac{1}{2}} [I]^{\frac{1}{2}} [M]$ 和动力学链长方程 $v = \dfrac{k_p}{2(fk_d k_t)^{\frac{1}{2}}} \times \dfrac{[M]}{[I]^{\frac{1}{2}}}$ 可以很清晰地知道引发剂浓度的平方根与反应速率成正比，与动力学链长成反比，与聚合物的分子量成反比。

填空题 41：$\overline{X_n} = \dfrac{v}{\dfrac{C}{2}+D}$，偶合终止时，$\overline{X_n} = 2v$；歧化终止时，$\overline{X_n} = v$，所以偶合终止时的平均聚合度是歧化终止时的 2 倍。

选择题 42 和判断题 43 与选择题 35 和选择题 36 是同一题型。聚氯乙烯的平均聚合度主要取决于向单体的链转移常数。链转移速率常数与链增长速率常数均随温度升高而增加，但前者的活化能大，温度的影响更加显著。聚氯乙烯的聚合度与引发剂浓度基本无关，仅由温度来控制。

计算题 44：根据聚合速率方程 $R_p = k_p \left(\dfrac{fk_d}{k_t} \right)^{\frac{1}{2}} [\text{I}]^{\frac{1}{2}} [\text{M}]$ 和动力学链长方程 $v = \dfrac{k_p}{2(fk_d k_t)^{\frac{1}{2}}} \times \dfrac{[\text{M}]}{[\text{I}]^{\frac{1}{2}}}$，即可求出聚合速率和动力学链长。

计算题 45：只要掌握聚合度与动力学链长之间的关系式 $\overline{X_n} = \dfrac{v}{\dfrac{C}{2} + D}$，即可以很容易求出聚合物的平均聚合度。

计算题 46：解题思路同计算题 39，都是考查向链转移剂转移后聚合度的计算。

【参考答案】

填空题 40：正比　反比

填空题 41：2

选择题 42：B

判断题 43：√

计算题 44：

聚合速率 $R_p = k_p \left(\dfrac{fk_d}{k_t} \right)^{\frac{1}{2}} [\text{I}]^{\frac{1}{2}} [\text{M}] = 0.1838 \times (0.75 \times 1.11 \times 10^{-6})^{\frac{1}{2}} \times 0.05^{\frac{1}{2}} \times 4 = 1.5 \times 10^{-4} [\text{mol}/(\text{L} \cdot \text{s})]$

动力学链长 $v = \dfrac{k_p}{2(fk_d k_t)^{\frac{1}{2}}} \times \dfrac{[\text{M}]}{[\text{I}]^{\frac{1}{2}}} = \dfrac{0.1838}{2 \times (0.75 \times 1.11 \times 10^{-6})^{\frac{1}{2}}} \times \dfrac{4}{0.05^{\frac{1}{2}}} = 1801.8$

计算题 45：

(1) 因为 $\overline{X_n} = \dfrac{v}{\dfrac{C}{2} + D}$，且偶合终止占比为 1，歧化终止占比为 0，

所以 $\overline{X_n} = 2v = 2 \times 8000 = 16\,000$。

(2) 因为 $\overline{X_n} = \dfrac{v}{\dfrac{C}{2} + D}$，且偶合终止占比为 0，歧化终止占比为 1，

所以 $\overline{X_n} = v = 8000$。

计算题 46：

因为 $\dfrac{1}{\overline{X_n}} = \left(\dfrac{1}{\overline{X_n}} \right)_0 + C_S \dfrac{[\text{S}]}{[\text{M}]}$，

所以 $[\text{S}] = \dfrac{[\text{M}] \left[\dfrac{1}{\overline{X_n}} - \left(\dfrac{1}{\overline{X_n}} \right)_0 \right]}{C_S} = \dfrac{1.0 \times \left(\dfrac{1}{9.0 \times 10^4/300} - \dfrac{1}{1.58 \times 10^5/300} \right)}{3.7}$

$= 3.88 \times 10^{-4} (\text{mol/L})$

典型题型分析 6

填空题 47、简答题 48

47. 阻聚剂、缓聚剂和链转移剂(分子量调节剂)的共同作用原理是＿＿＿＿＿＿＿，主要区别是＿＿＿＿＿＿＿＿＿＿＿＿＿＿＿＿＿＿＿＿＿＿＿＿＿＿＿＿。

48. 什么叫活性聚合? 举例说明活性聚合在工业生产上有哪些实际应用。

解 题 思 路

填空题 47：阻聚剂、缓聚剂和链转移剂(分子量调节剂)的作用都是通过自由基加成来实现的。不同的是阻聚剂会使自由基完全中止，缓聚剂只使部分自由基终止，链转移剂不会使自由基终止。

简答题 48：首先我们需要了解活性聚合具有的性质：(1)单体消耗完毕，活性端基仍保持有活性，加入新单体可以继续聚合；(2)聚合度与单体浓度/起始引发剂浓度的比值成正比；(3)分子量随转化率线性增加，分子量分布较窄；(4)聚合物的结构、端基、组成和分子量都可以控制；(5)$\ln \dfrac{[M]_0}{[M]} - t$ 呈线性关系。

1956 年，Michael Szwarc 通过研究阴离子聚合首次提出了"活性聚合"的概念，即无终止、无转移、引发速率远大于增长速率的聚合反应。聚合反应终止时，活性中心仍能引发单体聚合。活性聚合的发现，可指导人们精确合成指定分子量及窄分布的聚合物、嵌段共聚物、特定官能团聚合物和其他复杂结构(如星形、梳形、超支化、环状)的聚合物。

【参考答案】

填空题 47：自由基加成　阻聚剂使自由基都中止，缓聚剂只使部分自由基终止，链转移剂不会使自由基终止

简答题 48：

活性聚合是指在适当的条件下，无链终止与链转移反应，链增长活性中心浓度保持恒定的时间比完成合成反应所需时间长数倍的聚合反应。有以下实际应用。

(1)均聚物生产：活性聚合方法可以用于生产具有精确分子量和分子量分布的均聚物。

（2）嵌段共聚物的合成：活性聚合可精准地控制聚合物的组成，根据不同的需求合成出 AB 型，ABA 型和 ABC 型等嵌段共聚物。

（3）聚合物的功能化：将特定的官能团固定在聚合物的不同位置，获得不同类型的功能高分子。

第四章　自由基共聚合

本章重点

- 二元共聚物的组成与单体组成的关系 *
- 影响单体和自由基活性的因素 *
- $Q-e$ 概念

（标 * 的内容为本章的难点）

典型题型分析 1

填空题 1

1. 二元共聚物存在单体的序列分布问题，一般有_____共聚物、_____共聚物、_____共聚物和_____共聚物。

解题思路

根据共聚物中二单体的连接方式（即单体的序列分布）可知，二元共聚可分为：无规共聚、交替共聚、嵌段共聚和接枝共聚。

【参考答案】

无规　交替　嵌段　接枝

融会贯通，相似知识点题型分析

填空题2、判断题3

2. 在共聚反应中，若两单体的竞聚率 r 为零，则产物为＿＿＿＿＿＿＿＿；若两单体的竞聚率远大于1，则产物为＿＿＿＿＿＿＿。

3. 单体 M_1 和 M_2 进行自由基共聚时，$r_1 > 1$，$r_2 > 1$，说明两种单体都倾向于均聚，因而这两种单体可通过自由基共聚合制备得到嵌段共聚物。（　　）

解题思路

由题2题意可知，当竞聚率均为0时，则该共聚属于交替共聚，因此所得产物是交替共聚物；当竞聚率远大于1时，则表明两种单体都倾向于均聚，所得的产物似乎具有"嵌段"共聚物的特性，但由于所得的嵌段不长，并不是真正意义上的"嵌段共聚物"。

题3，虽然 $r_1 > 1$，$r_2 > 1$，说明两种单体都倾向于均聚，但两种单体分别"均聚"的聚合度非常有限，并不能得到可体现均聚物基本特性的足够长的嵌段，故并不是合成嵌段共聚物的可行方法。常见的合成嵌段共聚物的方法有阴离子聚合、聚合物链之间的官能团反应等。

【参考答案】
填空题2：交替共聚物　"嵌段"共聚物
判断题3：×

典型题型分析2

简答题4

4. 单体 M_1 和单体 M_2 共聚时，竞聚率分别为 $r_1(r_1 < 1)$ 和 $r_2(r_2 > 1)$：

(1)画出这两种单体共聚时的共聚曲线(示意图)；

(2)共聚方程($F_1 = \dfrac{r_1 f_1^2 + f_1 f_2}{r_1 f_1^2 + 2 f_1 f_2 + r_2 f_2^2}$)能否用来计算转化率为50%或1%时的共聚物组成？为什么？

(3)若 $r_1 = 0.64$，$r_2 = 1.38$，原料组成 $[M_1]:[M_2] = 0.5:1$(摩尔比)，试计算

其起始共聚物组成；(4)若要使此共聚物组成在聚合过程中维持不变，可采用什么控制方法？并说明采用这种方法的理由。

解题思路

这是一个典型的涉及本章自由基共聚所得共聚物组成的题目，这类题目主要考查学生对自由基共聚合基础知识的掌握。

我们应通读一遍题目，注意把握其中的关键点，根据竞聚率大小($r_1 > 1$ 或者 $r_1 < 1$；$r_2 > 1$ 或者 $r_2 < 1$)，确定是哪一种共聚物组成曲线，然后再根据具体的竞聚率数据进行计算解答。

先根据竞聚率大小，判断共聚反应属于理想共聚、交替共聚、非理想共聚中的哪一种，再画出共聚物组成曲线图(如果是 $r_1 < 1$，$r_2 < 1$ 的情况还需先算出恒比点组成后再画出曲线图)。(问题1)

根据推导共聚方程的五项假定解释其原因。(问题2)

利用共聚方程将题目所给数据代入计算即可。(问题3)

根据竞聚率大小不同，控制共聚物组成的方法分为三种。(1)严格控制单体配比的一次性投料，适用情况：①$r_1 < 1$，$r_2 < 1$；②$r_1 = r_2 = 1$；③$r_1 = r_2 = 0$。(2)控制转化率的一次性投料，适用情况：$r_1 > 1$，$r_2 < 1$。(3)补加消耗快的单体，适用情况：无恒比点。判断单体的竞聚率更适用于哪一种即可。(问题4)

【参考答案】

(1)两种单体共聚时的共聚曲线如下所示：

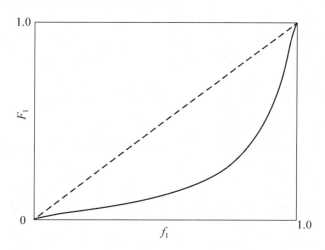

(2)当转化率为1%时，可以利用该共聚方程计算共聚物组成；当转化率为50%时，不可以利用该共聚方程进行计算。因为推导共聚物组成的微分方程共提出5个假

定：①等活性理论，即自由基活性与链长无关；②共聚物聚合度很大，链引发和链终止对共聚物组成的影响可忽略；③稳态，要求自由基总浓度和两种自由基的浓度都不变；④无前末端效应，即链自由基中倒数第二单元的结构对自由基活性无影响；⑤无解聚反应，即不可逆反应。其中稳态假定是在低转化率（低于 10%）的前提下假设得出的，因此转化率为 50% 时不能利用该方程计算共聚物组成。

（3）把数据代入到公式中计算得：

$$f_1 = \frac{[M_1]}{[M_1] + [M_2]}$$

$$F_1 = \frac{r_1 f_1^2 + f_1 f_2}{r_1 f_1^2 + 2 f_1 f_2 + r_2 f_2^2}$$

$$F_1 = 0.26$$

（4）欲获得组成均匀的共聚物，可按照组成要求计算投料比，且在反应过程中不断补加活泼的第二种单体，以保证原料配比基本保持稳定。该共聚反应中 $r_2 > 1$，可知第二种单体相比于第一种单体更加活泼，消耗更快，因此可选用补加消耗更快的活泼单体。

融会贯通，相似知识点题型分析

填空题 5—6、选择题 7—8、判断题 9—10、简答题 11—12、计算题 13

5. 某对单体共聚，$r_1 = 0.3$，$r_2 = 0.1$，该共聚属于_____共聚；若起始 $f_1^0 = 0.65$，所形成的共聚物的瞬间组成为 F_1^0，反应到 t 时，单体组成为 f_1，共聚物瞬间组成为 F_1，则 f_1 _____ f_1^0（大于 或 小于），F_1 _____ F_1^0（大于 或 小于）。

6. 已知两单体 M_1、M_2 的竞聚率 $r_1 = 0.41$，$r_2 = 0.004$，当配料 f_1 为_____时，共聚物组成与单体配料组成相同。

7. 在自由基聚合中，竞聚率或其乘积为何值时，可以得到交替共聚物？（　　）
A. $r_1 = r_2 = 1$　　B. $r_1 = r_2 = 0$　　C. $r_1 > 1$，$r_2 > 1$　　D. $r_1 < 1$，$r_2 < 1$

8. 已知一对单体在进行共聚反应时获得了理想共聚物，其条件必定是（　　）。
A. $r_1 = 1.5$，$r_2 = 1.5$　　　　　　B. $r_1 = 0.1$，$r_2 = 0.1$
C. $r_1 = 0.5$，$r_2 = 0.5$　　　　　　D. $r_1 = 1.5$，$r_2 = 0.7$

9. 在共聚反应中，若两单体的竞聚率 $r_1 > 1$，$r_2 < 1$，$r_1 r_2 < 1$，则为非理想共聚。
（　　）

10. 一对单体共聚时，$r_1 = 0.001$，$r_2 = 0.001$，则生成的共聚物接近交替共聚物。
（　　）

11. 为什么要对共聚物的组成进行控制？在工业上有哪几种控制方法？它们各针对

何种聚合体系?

12. 推导共聚物组成微分方程时有哪几个假定?说明为什么这个方程只能应用于低转化率的情况?

13. 苯乙烯(M_1)与丁二烯(M_2)在5℃下进行自由基共聚合。已知:M_1、M_2均聚链增长速率常数分别为49.0 L/(mol·s)和25.1 L/(mol·s);$M_1 \cdot$ 与 M_2 共聚、$M_2 \cdot$ 与 M_1 共聚链增长速率常数分别为76.6 L/(mol·s)和18.2 L/(mol·s);起始投料比苯乙烯(M_1)与丁二烯(M_2)的质量比为1:8。请计算:聚合初期共聚物组成 F_1。

解题思路

填空题5、6,选择题7、8和判断题9、10所针对的考点是根据竞聚率大小分类的共聚物组成曲线:①理想共聚($r_1 r_2 = 1$);②交替共聚($r_1 = r_2 = 0$);③非理想非恒比共聚($r_1 r_2 < 1$ 且 $r_1 > 1$、$r_2 < 1$);④非理想恒比共聚($r_1 r_2 < 1$ 且 $r_1 < 1$、$r_2 < 1$);⑤"嵌段"共聚($r_1 > 1$ 且 $r_2 > 1$),其中④还需利用公式 $F_1 = f_1 = \dfrac{1 - r_2}{2 - r_1 - r_2}$ 计算恒比点。

简答题11针对的考点是根据竞聚率大小的不同来分类的三种控制共聚物组成的方法。

简答题12所考查的知识点是在推导共聚组成方程时所提出的五个假定,即等活性理论、共聚物聚合度很大、稳态、无前末端效应、无解聚反应。其中稳态假定是在低转化率的条件下所做的假设,因此共聚组成微分方程只能应用于低转化率下。

计算题13,先根据题意利用所给的四个速率常数计算得到竞聚率 r_1,r_2。然后,利用单体的投料比苯乙烯(M_1)与丁二烯(M_2)的质量比(1:8),计算出 f_1 和 f_2。最后,利用共聚组成公式 $F_1 = \dfrac{r_1 f_1^2 + f_1 f_2}{r_1 f_1^2 + 2f_1 f_2 + r_2 f_2^2}$ 计算 F_1。

【参考答案】

填空题5:非理想恒比共聚 大于 大于

填空题6:0.628

选择题7:B

选择题8:D

判断题9:√

判断题10:√

简答题11:在共聚反应中,由于两单体的共聚活性不同,其消耗程度就不一致,故体系物料配比不断改变,所得的共聚物的组成前后不均一,要获得组成均一的共聚物,主要控制方法如下。

（1）对 r_1 和 r_2 均小于 1 的单体，首先计算出恒比点的配料比，随后在恒比点附近投料。其前提条件是所需共聚物的组成恰在恒比点附近。

（2）控制转化率。因为 f_1 与 F_1 随转化率的增加而变化，但变化程度不一样，故可控制在转化率较低（如 1%～5%）的条件下终止反应，因为转化率很低，整个聚合过程中的单体组成与初始投料组成基本一致，故聚合物组成也可认为基本不变。

（3）不断补加转化快的单体，即保持 f_1 值不变。

上述三种方法的核心是一致的，即控制聚合过程中的单体组成 f_1 与投料组成 f_1^0 基本一致。

简答题 12：

推导共聚物组成微分方程共提出 5 个假定：①等活性理论，即自由基活性与链长无关；②共聚物聚合度很大，链引发和链终止对共聚物组成的影响可忽略；③稳态，要求自由基总浓度和两种自由基的浓度都不变；④无前末端效应，即链自由基中倒数第二单元的结构对自由基活性无影响；⑤无解聚反应，即不可逆反应。其中稳态假定是在低转化率的前提下假设得出的，因此该方程只能应用于低转化率的情况。

计算题 13：根据题意得，

$$r_1 = \frac{k_{11}}{k_{12}} = 0.64, \quad r_2 = \frac{k_{22}}{k_{21}} = 1.38$$

$$f_1 = \frac{[M_1]}{[M_1] + [M_2]} = \frac{\frac{1}{104}}{\frac{1}{104} + \frac{8}{54}} = 0.06, \quad f_2 = 1 - f_1 = 0.94$$

$$F_1 = \frac{r_1 f_1^2 + f_1 f_2}{r_1 f_1^2 + 2f_1 f_2 + r_2 f_2^2} = 0.044$$

典型题型分析 3

简答题 14

14. M_1 和 M_2 两单体共聚，若 $r_1 = 0.75$，$r_2 = 0.20$，求：（1）该体系有无恒比共聚点？若有则该点共聚组成 F_1 为多少？（2）若起始 $f_1^0 = 0.80$，则 f_1 与 f_1^0 的大小、二者所形成的共聚物的瞬时组成 F_1 与初始共聚物组成 F_1^0 的大小关系如何；（3）若 $f_1^0 = 0.72$，则 f_1 与 f_1^0、F_1 与 F_1^0 的大小关系又是如何？

解题思路

问题（1）：由题意可知，$r_1 = 0.75 < 1$，$r_2 = 0.20 < 1$，所以两单体共聚有恒比共聚点。利用恒比点的计算公式代入计算即可。

问题（2）、（3）：根据定性分析确定共聚物组成与转化率的关系，以 $r_1 > 1$，$r_2 < 1$ 为例，所得共聚物曲线位于对角线上方，起始瞬时共聚物组成 F_1^0 大于相对应的起始单体组成 f_1^0，这就使得残留单体组成 f_1 递减，同时共聚物组成 F_1 一样递减。结果，单体 M_1 先消耗尽，以致后期产生一定量的均聚物。

因此，若共聚物曲线处于对角线的上方，则共聚物的组成变化 $F_1 > f_1$，同时 f_1，F_1 均随转化率增大而降低；若共聚物曲线处于对角线的下方，则共聚物的组成变化 $F_1 < f_1$，同时 f_1，F_1 均随转化率增大而增大。

【参考答案】

（1）因为 $r_1 = 0.75 < 1$，$r_2 = 0.20 < 1$，所以两单体的共聚有恒比共聚点，代入公式计算得：$F_1 = f_1 = \dfrac{1 - r_2}{2 - r_1 - r_2} = \dfrac{1 - 0.2}{2 - 0.75 - 0.2} = 0.762$

（2）若起始 $f_1^0 = 0.80$，则在 f_1^0 大于 0.762 的情况下，随着转化率的增加，f_1 和 F_1 均增加，即 $f_1 > f_1^0$，$F_1 > F_1^0$。

（3）若起始 $f_1^0 = 0.72$，则在 f_1^0 小于 0.762 的情况下，随着转化率的增加，f_1 和 F_1 均减小，即 $f_1 < f_1^0$，$F_1 < F_1^0$。

融会贯通，相似知识点题型分析

填空题 15—16、选择题 17、判断题 18

15. 某对单体共聚，$r_1 = 0.3$，$r_2 = 0.1$，该共聚属于 _____ 共聚；若起始 $f_1^0 = 0.5$，所形成的共聚物的瞬间组成为 F_1^0，反应到 t 时刻，单体组成为 f_1，共聚物瞬间组成为 F_1，则 f_1 _____ f_1^0（大于，小于），F_1 _____ F_1^0（大于，小于）。

16. M_1、M_2 两单体共聚，若 $r_1 = 0.75$，$r_2 = 0.20$，其共聚曲线与对角线的交点称为 _____ ，该点共聚物组成为 $F_1 =$ _____ 。若 $f_1^0 = 0.80$，随共聚进行到某一时刻，共聚物组成为 F_1，单体组成为 f_1，则 f_1 _____ f_1^0（大于，小于），F_1 _____ F_1^0（大于，小于）；若 $f_1^0 = 0.72$，则 f_1 _____ f_1^0（大于，小于），F_1 _____ F_1^0（大于，小于）。从竞聚率看，理想共聚的典型特征是 _____ ，若 $r_1 > 1$，$r_2 > 1$，则属于 _____ 共聚类型。

17. 一对共聚单体的竞聚率为 $r_1 = 0.5$，$r_2 = 0.5$，那么能有效确保所得共聚物组成的均一性和成本效益性的投料比是（　　　）。

  A. 1∶2   B. 2∶1   C. 3∶1   D. 1∶1

  18. 丁二烯和苯乙烯共聚时，竞聚率分别为 $r_1 = 1.39$，$r_2 = 0.78$，在共聚过程中 F_1 和 f_1 随转化率增加而减小。   （　　　）

解题思路

  填空题15、16 和判断题18 所考查的知识内容一致，根据初始单体组成，以及竞聚率大小来判断转化率与共聚物组成的关系，此类题型的做题思路大致如下。

  首先，根据竞聚率大小判断共聚类型，并画出大致的共聚物组成曲线图（若是非理想恒比共聚，还需算出恒比点）。

  然后，根据题目所给初始单体组成，确定初始点位于共聚物组成曲线图的对角线上方或者下方。

  最后，可画出共聚物组成以及单体组成随转化率上升的变化方向。

  15 题：根据题意可判断出此共聚为有恒比点的非理想共聚，根据恒比点计算公式 $F_1 = f_1 = \dfrac{1 - r_2}{2 - r_1 - r_2}$，得 $F_1 = f_1 = 0.56$。$f_1^0 = 0.5 < 0.56$，可知此时共聚物组成曲线位于对角线上方，所以得出 $f_1 < f_1^0$，$F_1 < F_1^0$。

  16 题：两单体的竞聚率都小于1，因此该共聚类型属于有恒比点的非理想共聚，利用公式 $F_1 = f_1 = \dfrac{1 - r_2}{2 - r_1 - r_2}$ 计算恒比点得 $F_1 = f_1 = 0.762$。题目所给初始 $f_1^0 = 0.80$，大于 0.762，可知此时共聚物组成曲线位于对角线之下，因此 F_1 和 f_1 随转化率增大而增大。若初始 $f_1^0 = 0.72$，小于 0.762，可知此时共聚物组成曲线位于对角线之上，因此 F_1 和 f_1 随转化率增大而减小。理想共聚的特征是 $r_1 r_2 = 1$，"嵌段"共聚的特征是 $r_1 > 1$，$r_2 > 1$。

  17 题：根据题中所给竞聚率可知均小于1，因此该共聚属于有恒比点的非理想共聚，要获得共聚物组成均一的产物，需严格控制单体配比在恒比点处进行投料，因此还需利用恒比点计算公式计算恒比点。

  18 题：根据题中所给竞聚率可知此共聚属于无恒比点的非理想共聚，且共聚物组成曲线均在对角线之上，因此在共聚过程中 F_1 和 f_1 随转化率增加而减小。

  【参考答案】

  填空题15：有恒比点的非理想共聚 小于 小于

  填空题16：恒比点 0.762 大于 大于 小于 小于 $r_1 r_2 = 1$ 嵌段共聚

  选择题17：D

  判断题18：√

典型题型分析 4

简答题 19

19. 单体 M_1 和 M_2 按初始投料比 1 : 9（质量比）进行自由基共聚，已知以下聚合反应参数：$k_{11} = 145$ L/(mol·s)，$k_{12} = 3.2$ L/(mol·s)，$k_{22} = 3700$ L/(mol·s)，$k_{21} = 3.7 \times 10^5$ L/(mol·s)。请分析聚合完成后，最终产物中的聚合物组成。

解题思路

单体活性可以利用竞聚率倒数来判断，$1/r_1$ 越大则 M_2 单体活性越强，而当此单体活性较强时，其所对应的自由基活性较弱，即单体活性与自由基活性相反。

此题 M_1 单体活性大，$M_2·$ 自由基活性大（$1/r_1 < 1/r_2$），且两单体活性差距较大，导致共聚反应体系中 M_1 可以与 $M_2·$ 发生反应，而 $M_1·$ 与 M_2 不能发生反应，所以在反应体系中只会获得两种单体的均聚物。

【参考答案】

由于两种聚合物的竞聚率差异过大，$r_1 = k_{11}/k_{12} = 45$，$r_2 = k_{22}/k_{21} = 0.01$，故两种聚合物很难进行共聚。由于单体 M_1 和 M_2 按初始投料比 1 : 9 进行共聚，且单体 M_1 优先与 $M_2·$ 反应获得 $M_2M_1·$，体系中仅有少量单体 M_1，故 M_1 会迅速消耗完，体系中只剩下 $M_1·$ 和 M_2（不会发生反应），因此单体 M_1 相当于单体 M_2 的阻聚剂。当单体 M_1 较多时，只有待单体 M_1 均聚完成后，单体 M_2 才进行均聚，故产物中基本不会出现二者的共聚物，而分别得到单体 M_1 和 M_2 的均聚物。

融会贯通，相似知识点题型分析

简答题 20、填空题 21

20. 苯乙烯（M_1）和醋酸乙烯酯（M_2）按初始投料比 5 : 1（质量比）进行自由基共聚，已知以下聚合反应参数：$r_1 = 55$，$r_2 = 0.01$。请分析聚合完成后，最终产物中的聚合物组成。

21. 已知 M_1 和 M_2 两种单体进行自由基共聚合时，$r_1 = 0.64$，$r_2 = 1.38$，单体 M_1 的活性_____单体 M_2 的活性；自由基 $M_1·$ 的活性_____自由基 $M_2·$ 的活性。

解题思路

题20与典型题19类似，苯乙烯（M_1）和醋酸乙烯酯（M_2）的竞聚率差异过大，两种聚合物很难进行共聚，M_1 和 M_2 以 5∶1 的初始投料比投料，最后所获得的产物是两种单体的均聚物。

由题21题意可知，r_2 大于 r_1，$1/r_1$ 越大则 M_2 单体活性越强，且存在单体活性与自由基活性相反的规律。

【参考答案】

简答题20：苯乙烯和醋酸乙烯酯的竞聚率差异过大，两种聚合物很难进行共聚，M_1 和 M_2 以 5∶1 初始投料比投料，体系中 $M_2\cdot$ 很容易转变成 $M_2M_1\cdot$，而 $M_1\cdot$ 转变成 $M_1M_2\cdot$ 则相当困难，体系中绝大部分单体是 M_1，所以最后所获得的产物是两种单体的均聚物。

填空题21：小于　大于

典型题型分析 5

简答题 22

22. 请根据下表中提供的 Q、e 值，说明甲基丙烯酸甲酯、马来酸酐、丙烯腈、丁二烯等单体与苯乙烯进行自由基共聚时，交替倾向的次序？并简要说明原因。

单体	Q	e
甲基丙烯酸甲酯	0.74	0.4
苯乙烯	1	−0.8
马来酸酐	0.23	2.25
丙烯腈	0.6	1.2
丁二烯	2.39	−1.05

 解题思路

取代基对单体活性和自由基活性的影响因素主要是共轭效应、极性效应和位阻效应。其中，共轭效应越强，单体活性越强，自由基活性越弱；供电子基团使烯类单体双键带负电，吸电子基团则使其带正电。这两类单体易进行共聚，有交替共聚的倾向。

可知 P 值代表自由基的共轭效应度量，Q 值代表单体活性的共轭效应度量（即 Q 值越大，单体活性越强，越容易转变成自由基，转变形成的自由基越稳定），e 值代表自由基和单体活性的极性度量($e>0$ 代表是吸电子基团，$e<0$ 代表是供电子基团)。

根据 Q 值与 e 值可以判断是否能发生共聚反应，所得规律如下：

① Q 值相差大，难以共聚；

② e 值相差大，交替共聚；

③ Q，e 值相近，倾向于理想共聚。

可利用 Q 值与 e 值计算共聚反应中的速率常数与竞聚率，得：

$$k_{12} = P_1Q_2\exp(-e_1e_2)$$

$$r_1 = \frac{Q_1}{Q_2}\exp[-e_1(e_1-e_2)] \tag{4-1}$$

$$r_2 = \frac{Q_2}{Q_1}\exp[-e_2(e_2-e_1)] \tag{4-2}$$

$$\ln(r_1r_2) = -(e_1-e_2)^2$$

【参考答案】

由于苯乙烯的 e 值为负值，故与苯乙烯共聚的单体 e 值越大则越容易交替共聚。苯乙烯与甲基丙烯酸甲酯、马来酸酐、丙烯腈、丁二烯进行共聚的交替倾向次序：

马来酸酐 > 丙烯腈 > 甲基丙烯酸甲酯 > 丁二烯

选择题 23—27、判断题 28、填空题 29、简答题 30

23. 苯乙烯和马来酸酐的共聚倾向于遵循(　　)。

A. 无规共聚　　　B. 交替共聚　　　C. 接枝共聚　　　D. 嵌段共聚

24. 顺丁烯二酸酐和 α-甲基苯乙烯进行自由基共聚时，其交替共聚的倾向较大，主要因为它们是(　　)。

A. Q 值相近的一对单体　　　　　　B. e 值相差较大的一对单体

C. 都含有吸电子基团的一对单体　　　D. 空间位阻较大的一对单体

25. 苯乙烯-顺丁烯二酸酐自由基交替共聚的倾向大，主要是因为它们是(　　)。

A. Q 值相近的一对单体　　　　　　B. e 值相差较大的一对单体

C. 都含有吸电子基团的一对单体　　　D. 空间位阻较大的一对单体

26. 已知 M_1 的 $e_1 = -1.27$，M_2 的 $e_2 = 2.25$，两单体易(　　)，M_1 的取代基的推电子性较 M_2 的(　　)。

A. 交替共聚　　　B. 理想共聚　　　C. 非理想共聚　　　D. 强

E. 弱

27. 在自由基共聚中，具有相近 Q、e 值的单体发生(　　)。

A. 理想共聚　　　B. 交替共聚　　　C. 非理想共聚

28. 马来酸酐与苯乙烯的竞聚率分别为 $r_1 = 0.04$，$r_2 = 0.15$，二者共聚的产物接近

交替共聚物。　　　　　　　　　　　　　　　　　　　　　　　　　　　（　　）

29. 已知 M_1 和 M_2 的 $Q_1 = 2.39$，$e_1 = -1.05$，$Q_2 = 0.60$，$e_2 = 1.20$，比较两单体的共轭稳定性是_____大于_____。比较两单体的活性是_____大于_____，两自由基的稳定性是_____大于_____，估计两单体分别均聚合，_____的 K_p 大于_____的 K_p。

30. 甲基丙烯酸甲酯（M_1，相对分子质量 100，$e_1 = 0.40$，$Q_1 = 0.74$）和 1,3 – 丁二烯（M_2，相对分子质量 54，$e_2 = -1.05$，$Q_2 = 2.39$）在 90 ℃下进行自由基共聚，试问：

（1）该共聚合反应属于何种类型？请画出共聚物组成曲线的示意图。

（2）若 M_1 与 M_2 的质量比为 40∶60，能否得到组成基本均匀的共聚物？

（3）若要得到含甲基丙烯酸甲酯 MMA 为 80%（质量比）的共聚物，单体投料比应为多少？同时应采取什么措施？

解题思路

已知 e 值相差较大的单体进行共聚时有交替共聚的倾向，竞聚率值都接近 0 时也有交替共聚的倾向，根据此知识点可对选择题 23、24、25、26 和判断题 28 进行作答。

题 27：根据 Q 值、e 值判断共聚类型，Q 值和 e 值都接近，则趋近于理想共聚。

题 29：先根据 Q 值大小判断单体的共轭稳定性。Q 值越大，单体的共轭稳定性越强，从而单体活性越强，且形成的自由基稳定性越强，并可估计 Q 值越大的单体均聚反应速率越小。然后，乙烯基单体可分为两类，即有共轭稳定作用单体和无共轭稳定作用单体，其自由基反应有四种（式中有下标 s 表示有共轭作用，无 s 表示无共轭作用）：

$$\sim\sim\text{R}\cdot + \text{M} \longrightarrow \sim\sim\text{R}\cdot$$
$$\sim\sim\text{R}\cdot + \text{M}_s \longrightarrow \sim\sim\text{R}\cdot_s$$
$$\sim\sim\text{R}\cdot_s + \text{M}_s \longrightarrow \sim\sim\text{R}\cdot_s$$
$$\sim\sim\text{R}\cdot_s + \text{M} \longrightarrow \sim\sim\text{R}\cdot$$

其反应速率常数的次序为：

$$\text{R}\cdot_s + \text{M} < \text{R}\cdot_s + \text{M}_s < \text{R}\cdot + \text{M} < \text{R}\cdot + \text{M}_s$$

对于单体而言，有共轭稳定作用则活性提高；对于自由基而言，有共轭稳定作用则活性降低。

而取代基对自由基活性的降低作用比对单体活性的降低作用大。

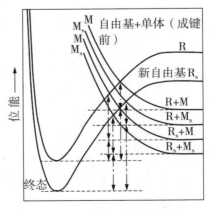

自由基和不饱和碳原子分离距离 ⟶

$$R_s^. + M < R_s^. + M_s < R^. + M < R^. + M_s$$

题 30：首先利用式(4-1)和式(4-2)计算竞聚率 r_1 和 r_2，再根据二者大小判断共聚类型并画出共聚物组成曲线图。(问题1)

根据题中所给数据，计算两单体的初始投料比，同时根据竞聚率计算恒比点，判断初始投料比是否接近恒比点，从而判断是否能得到组成基本均匀的共聚物。(问题2)

根据题中所给质量比，我们可计算出 F_1，并通过以下公式计算得到 f_1，即得到单体投料比。

$$F_1 = \frac{r_1 f_1^2 + f_1 f_2}{r_1 f_1^2 + 2f_1 f_2 + r_2 f_2^2}$$

然后根据竞聚率判断应采用哪一种方法来控制共聚物组成。(1)严格控制单体配比的一次性投料，适用情况：①$r_1 < 1$，$r_2 < 1$；②$r_1 = r_2 = 1$；③$r_1 = r_2 = 0$。(2)控制转化率的一次性投料，适用情况：$r_1 > 1$，$r_2 < 1$；(3)补加消耗快的单体，适用情况：无恒比点。最后通过所得单体投料比可知位于曲线的大致位置，判断其位于对角线之上或之下，从而补加消耗快的单体。(问题3)

【参考答案】

选择题23：B

选择题24：B

选择题25：B

选择题26：A　D

选择题27：A

判断题28：√

填空题29：M_1　M_2　M_1　M_2　M_1　M_2　M_2　M_1

简答题30：

(1) $r_1 = \dfrac{Q_1}{Q_2}\exp[-e_1(e_1 - e_2)] = 0.17 < 1$

$r_2 = \dfrac{Q_2}{Q_1}\exp[-e_2(e_2 - e_1)] = 0.71 < 1$

因此该聚合反应属非理想共聚，共聚物组成曲线如下所示。

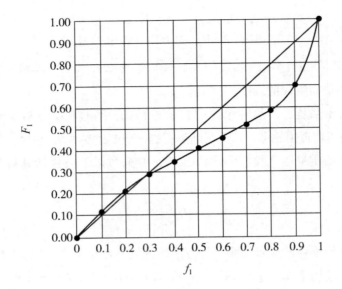

（2）若 M_1 与 M_2 的质量比为 $40:60$，则 $f_1 = \dfrac{40/100}{40/100 + 60/54} = 0.26$。

该共聚体系的恒比点 $F_1 = f_1 = (1 - r_2)/(2 - r_1 - r_2) = 0.26$，投料比与恒比点接近，故可得到组成基本均匀的共聚物。

（3）MMA 的质量比为 80%，对应的 $f_1 = \dfrac{80/100}{(80/100 + 20/54)} = 0.68$，此时 $F_1 = f_1 = 0.88$，且由于丁二烯的消耗速率较快，故需不断补充丁二烯或单体混合物，以维持单体溶液中 MMA 的浓度基本不变。

第五章　聚合方法

本章重点

- 四种基本聚合方法(本体聚合、溶液聚合、悬浮聚合和乳液聚合)的优缺点及其常见应用
- 乳液聚合的机理和特点

典型题型分析 1

简答题 1

实验室合成化学组成均一的甲基丙烯酸甲酯 – 苯乙烯共聚物(简称 MS 树脂)的过程简述如下。在装有机械搅拌器、温度计、回流冷凝器和氮气导管的 500 mL 四口烧瓶中加入 150 mL 蒸馏水、100 mL 浆状碳酸镁(内约含固体碳酸镁粉末 2 g),开动搅拌使碳酸镁分散均匀,并快速加热至 95 ℃,0.5 h 后在氮气保护下降温至 70 ℃。一次性向反应瓶中加入用氮气除氧后的单体混合液(甲基丙烯酸甲酯 28 g、苯乙烯 33 g 和过氧化苯甲酰 0.6 g),通入氮气,开动搅拌控制转速为 300~400 r/min,烧瓶内物料的温度保持在 70~75 ℃。1 h 后,取少量烧瓶内的液体滴入盛有清水的烧杯,若有白色沉淀生成,则可将反应体系的温度缓慢升至 95 ℃,继续反应 3 h,使产物进一步硬化。聚合结束后,静置,将反应混合物上层清液倒出,向反应器中加入适量稀硫酸,使体系 pH 值达到 1~1.5,待大量气体冒出,静置 0.5 h,过滤,用大量蒸馏水洗涤珠状产物至中性,干燥,称重,计算产率。

请依据上述短文回答以下问题:

(1)本实验采用的是哪一种聚合实施方法?

（2）碳酸镁的作用是什么？

（3）聚合完成后加入稀硫酸的作用是什么？

（4）为什么要控制搅拌速度？

（5）通氮气的作用是什么？

（6）为什么选择 28 g 甲基丙烯酸甲酯（MMA）、33 g 苯乙烯（St）的投料比？（已知竞聚率 $r_{MMA} = 0.46$，$r_{St} = 0.52$）

 **解题思路**

这是一个典型的涉及聚合方法、聚合工艺以及高分子化学实验的题目，这类题目主要考查学生对聚合方法以及高分子化学基本实验技能的掌握。

这类题目具有一定的综合性和实践性，我们应通读一遍题目，注意把握其中的关键点，确定实验采用的是哪一类聚合方法（聚合实施方法），然后再根据具体的聚合过程进行解答。

首先，看单体，甲基丙烯酸甲酯、苯乙烯均为油溶性的单体。

其次，看介质和稳定体系，其分别为水和碳酸镁。

最后，看引发体系，过氧化苯甲酰（BPO）为一种典型的用于自由基聚合的油溶性引发剂。

这样就可确定聚合方法为悬浮聚合，而非乳液聚合。经典的乳液聚合虽然也采用水作为介质，但稳定体系一般为阴离子型表面活性剂，且引发体系为水溶性的引发剂，这样才能实现引发剂在水中产生，并逐一扩散到胶束/增溶胶束/乳胶粒中引发聚合。（问题 1）

确定了聚合方法为"悬浮聚合"之后，后续的几个问题也就迎刃而解了。

碳酸镁是一种无机粉末，属于悬浮聚合常用分散剂（无机粉体、水溶性高分子分散剂）中的一种。（问题 2）

在聚合过程中，碳酸镁吸附在单体液滴的表面起到分散、隔离的作用，聚合结束后，加入稀硫酸，可与碳酸镁反应，去除产物颗粒表面的碳酸镁粒子。（问题 3）

在悬浮聚合中，单体液滴的尺寸与产物颗粒的尺寸大致相同，故一般通过控制单体液滴的尺寸来控制产物颗粒的尺寸。在不相溶的水/油体系中，作为分散相的油滴尺寸，主要受到搅拌、分散体系的影响。一般而言，搅拌速度越快、分散剂用量越大，油滴的尺寸越小，故可以通过控制搅拌速度和分散剂用量来获得预定尺寸的产物颗粒。（问题 4）

在自由基聚合中，氧气常会影响自由基的聚合，有一定的阻聚作用，故往往需要通入氮气进行保护。（问题 5）

具体到本题中所涉及的两个单体(甲基丙烯酸甲酯和苯乙烯),因甲基丙烯酸甲酯的酯基具有较强的吸电子性,苯乙烯的苯环具有弱的推电子性,二者的侧基电负性有一定差异,故二者共聚时具有较强的交替共聚倾向。二者的竞聚率均小于1(r_{MMA} = 0.46,r_{St} = 0.52),在自由基共聚合中,当r_1与r_2均小于1时,称之为"具有恒比点的非理想共聚",那么就要先确认初始投料比是否在恒比点上。

通过计算,发现恒比点组成为:$F_1 = f_1 = (1 - r_2)/(2 - r_1 - r_2) = 0.47$。其所对应的 MMA 与 St 的质量比为:$\dfrac{0.47 \times 100}{0.53 \times 104} = 28 : 33$。上述合成体系中的投料点(28 g 甲基丙烯酸甲酯、33 g 苯乙烯)正好是恒比共聚点,在此点投料,共聚物组成与单体组成一致。(问题6)

【参考答案】

(1)悬浮聚合。

(2)分散剂,吸附在液滴的表面,起机械隔离作用。

(3)与碳酸镁反应,除去碳酸镁。

(4)控制液滴的粒径及粒径分布。

(5)排除聚合体系中的氧气(空气),消除阻聚作用。

(6)在本共聚体系中,$r_1 < 1$,$r_2 < 1$,属于有恒比点的非理想共聚,其恒比点为:$F_1 = f_1 = (1 - r_2)/(2 - r_1 - r_2) = 0.47$。恒比点的 MMA 与 St 的质量比为:$\dfrac{0.47 \times 100}{0.53 \times 104} = 28 : 33$。上述合成体系中的投料点正好是恒比共聚点,在此点投料,共聚物组成与单体组成一致。

融会贯通,相似知识点题型分析

判断题2—4、简答题5

2. 某聚合体系的配方为:苯乙烯 50 份,水 250 份,过氧化苯甲酰 0.3 份,聚乙烯醇 2 份,碳酸钙 3 份。该体系进行聚合的方法是乳液聚合,聚乙烯醇和碳酸钙起乳化、隔离作用。   ( )

3. 某聚合体系的配方为:油溶性单体 100 份,水 250 份,过氧化苯甲酰 0.1 份,聚乙烯醇 2 份。该体系进行聚合的方法是乳液聚合,聚乙烯醇起乳化作用。   ( )

4. 悬浮聚合宜采用油溶性引发体系。   ( )

5. 苯乙烯的聚合反应配方如下:苯乙烯 5 g,过氧化苯甲酰 0.05 g,水 150 mL,4% 聚乙烯醇水溶液 2 mL,碳酸钙 5 g。在 85 ℃、搅拌转速为 500 r/min、氮气氛围的条件下反应 5 h，之后过滤得到聚合物颗粒。请问从聚合工艺的角度看该聚合反应采用了哪一类聚合实施方法？从引发活性种的角度看属于什么聚合反应？对所得聚合物颗粒如何进行处理可快速提纯产物？

 解题思路

判断题 2 和判断题 3，大同小异。根据引发剂为油溶性的过氧化苯甲酰（BPO）、稳定体系为水溶性的高分子聚乙烯醇（PVA）和无机粉体（碳酸钙），可判断聚合方法为"悬浮聚合"，PVA 和碳酸钙起分散、隔离作用，而非乳化作用。

如前所述，在经典的悬浮聚合与乳液聚合中，虽然单体都是油溶性的，也往往都用水作为介质，但存在两个主要差异：

（1）引发体系。悬浮聚合一般采用油溶性的引发剂，如过氧化苯甲酰（BPO）、偶氮二异丁腈（AIBN）等，且引发剂一般与单体混溶，故在悬浮聚合中，聚合场所是单体液滴，这也是我们常说"在悬浮聚合中，每个液滴都是一个微小的本体聚合"的原因。而乳液聚合一般采用水溶性的引发剂，如水溶性氧化－还原引发体系。因为引发剂是水溶性的，自由基主要是在水相中产生，然后逐一扩散到胶束/增溶胶束/乳胶粒中引发聚合，故自由基的产生场所与引发聚合场所分开了。这也是在乳液聚合中，可通过增加乳化剂浓度，实现聚合速率和聚合物分子量同时提高的根本原因。在其他三种聚合方法（本体聚合、溶液聚合和悬浮聚合）中，自由基的产生和引发聚合都是在同一场所，故所有可增加聚合速率的因素（提高聚合温度、增加引发剂用量等），都会导致产物分子量的下降。

上述分析也为分析判断题 4 提供了依据。

（2）稳定体系，也称分散体系。悬浮聚合的分散剂有两类，即无机粉体和水溶性高分子分散剂，判断题 2 中所涉及的碳酸钙和聚乙烯醇分别对应上述两类分散剂。乳液聚合则多用阴离子型表面活性剂，一般为小分子（如十二烷基硫酸钠等）。

根据上述分析，可知判断题 2、判断题 3 及简答题 5 中所涉及的聚合方法均为悬浮聚合，而非乳液聚合（经典的乳液聚合虽然也采用水作为介质，但稳定体系一般为阴离子型表面活性剂，且引发体系为水溶性的引发剂，这样才能实现引发剂在水中产生，并逐一扩散到胶束/增溶胶束/乳胶粒中引发聚合）。如果分散剂为碳酸钙，则常用酸洗的方法除去产物表面吸附的碳酸钙粒子；而 PVA 具有较好的水溶性，一般采取多次水洗的方式除去。

【参考答案】
判断题 2：×
判断题 3：×
判断题 4：√
简答题 5：悬浮聚合；自由基聚合；酸洗和水洗。

典型题型分析 2

简答题 6

6. 典型乳液聚合的特点是持续反应速率高，反应产物分子量高。在大多数本体聚合中又常会出现反应速率提高且分子量增大的现象。试分析造成上述现象的原因并比较其异同。

解题思路

乳液聚合是四种典型聚合（实施）方法中具有特殊机理的一种聚合方法，因其可在获得较高聚合速率的同时获得较高的分子量而受到重视。造成这一现象的主要原因在于：相较于其他三种聚合方法（本体聚合、溶液聚合、悬浮聚合），在乳液聚合中，引发剂（自由基）的产生场所（水相）与活性中心引发聚合的场所（乳胶粒）是分开的。这就可以通过增加乳化剂的用量（S）来增加乳胶粒的数量（N），从而提高聚合速率；乳胶粒数量（N）的增加，延长了连续两个自由基进入乳胶粒的时间间隔，从而使得自由基的平均寿命延长，进而获得更高的分子量。

《高分子化学》（第五版，潘祖仁主编，化学工业出版社，2011 年出版）中的图4-5和表4-9，准确地说明了乳液聚合体系的三相组成及经典乳液聚合的三个阶段，此处不再赘述。在了解经典乳液聚合的三个阶段之前，我们有必要弄清楚乳液聚合中三相（胶束/增溶胶束、乳胶粒、单体液滴）与乳化剂浓度之间的关系。

乳化剂是一种一端亲水、一端疏水的小分子，当其在水溶液中的浓度小于临界胶束浓度（critical micelle concentration, CMC）时，主要以单分子的形式存在于水相中，此时乳化剂在水中的状态可以理解为"溶解"。当其浓度高于 CMC 时，高于 CMC 的那部分乳化剂分子则在溶液内部自聚，即疏水基聚集在一起形成内核，亲水基朝外与水接触形成外壳，形成"胶束"。当部分疏水的单体分子从水相中扩散进入胶束后，所得到的含有单体的胶束被称为"增溶胶束"。所谓"增溶"就是为了与"溶解"相区别：油性的单体并没有溶于水相，与水相形成均相体系，而是进入了胶束中，从宏观上看，似乎溶解了，故称之为"增溶"。当水相中的自由基扩散进入增溶胶束后，则会引发其中的单体发生聚合，这种增溶胶束就称之为"乳胶粒"。因此，胶束的存在是形成增溶胶束、乳胶粒的前提，且胶束、增溶胶束、乳胶粒之间存在递进关系（图5-1），这也是理解经典乳液聚合的三个阶段的前提和关键。

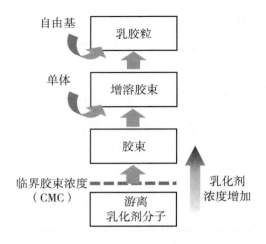

图 5－1　胶束、增溶胶束、乳胶粒之间的递进关系

为了更好地帮助同学们了解经典乳液聚合的三个阶段，我们可以引入一个示意图（图 5－2）来说明经典乳液聚合的三个阶段。

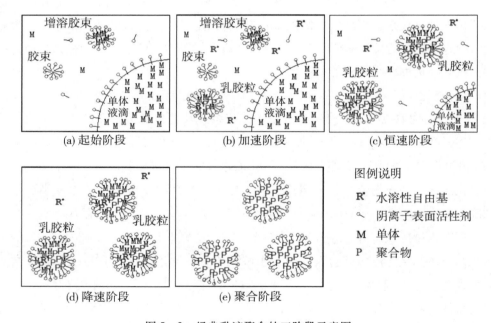

(a) 起始阶段　　(b) 加速阶段　　(c) 恒速阶段

(d) 降速阶段　　(e) 聚合阶段

图例说明

R· 水溶性自由基

~ 阴离子表面活性剂

M 单体

P 聚合物

图 5－2　经典乳液聚合的三阶段示意图

如图 5－2 所示，我们用五个框图来说明经典乳液聚合的三个阶段（加速阶段、恒速阶段和降速阶段）。

首先，在起始阶段（尚未加入水溶性引发剂），由于乳化剂的浓度远大于临界胶束浓度（CMC），故体系中绝大部分的乳化剂分子处于胶束或增溶胶束的状态，单体液滴也被乳化剂分子所包裹，可以看作一个"特大号"的增溶胶束，还有少量溶于水的游离乳化剂分子。此处要注意：水中存在游离的乳化剂分子，这是未成核的胶束破裂、乳化剂分子补充到不断增大的乳胶粒表面的基础；胶束/增溶胶束与单体液滴的浓度和尺寸存在差别（如表5-1所示），这是后边理解自由基更容易被胶束而不是单体液滴捕获的基础。

表5-1　胶束与单体液滴的典型参数

参数	胶束	单体液滴
平均粒径/nm	5	1000
比表面积/$(cm^2 \cdot cm^{-3})$	8×10^5	3×10^4
数量/$(个 \cdot cm^{-3})$	10^{18}	10^{12}

当引发剂加入到体系中之后，就进入到乳液聚合的第一阶段——增速期，因这个阶段不断有新的乳胶粒生成，故也被称为成核期。从开始引发直到未成核胶束消失，这个阶段的聚合速率递增。在此阶段中，水相中产生的自由基扩散进入增溶胶束内。自由基一旦进入增溶胶束，就引发其中的单体聚合，形成活性种，不断形成聚合物乳胶粒，这一过程被称为"胶束成核"。同时，水相中的单体也可以被引发聚合，吸附乳化剂分子形成乳胶粒，这一过程被称为"均相成核"。这两种成核过程的重要性，取决于单体的水溶性和乳化剂浓度：单体水溶性大及乳化剂浓度低，有利于均相成核；反之，有利于胶束成核。如苯乙烯在水相中的溶解度很小，主要是胶束成核。

当第二个自由基进入乳胶粒时，则发生终止（时间间隔为几秒至几百秒）。也就是说，从统计上来看，有一半的乳胶粒在发生聚合反应，另一半则处于未聚合的状态，这是理解聚合速率式（5-1）中分母中的"2"的基础。

随着聚合的进行，乳胶粒中的单体不断消耗，液滴中的单体溶入水相，不断向乳胶粒扩散补充，以保持乳胶粒内单体浓度恒定。因此，单体液滴是供应单体的仓库。

在这一阶段内，随着聚合反应的进行，单体液滴的数量并不减少，只是体积不断缩小，单体液滴中的单体不断迁移到水相，继而进入乳胶粒中，使得乳胶粒的体积不断增大。为了保持乳胶粒的稳定，必须在溶液中吸附更多的乳化剂分子，缩小的单体液滴上的乳化剂分子也不断补充、吸附到乳胶粒的表面。当水相中的乳化剂浓度低于CMC时，未成核的胶束变得不稳定，最后，未成核的胶束消失。从此，不再形成新的乳胶粒，乳胶粒的数量将固定不变。

在典型的乳液聚合反应中，能够形成乳胶粒的胶束仅占起始胶束数量的很少一部分（约0.1%）。在第一阶段中，体系含有单体液滴、胶束、乳胶粒三种粒子。第一阶段的时间较短，转化率可达2%～5%。

第二阶段：恒速阶段，自胶束消失开始，到单体液滴消失结束。胶束消失后，乳胶粒的数量恒定，单体液滴不断向乳胶粒提供单体，引发、增长、终止不断在乳胶粒中进行，乳胶粒的体积不断增大，最后可达 50～150 nm。由于乳胶粒的数量恒定，乳胶粒内的单体浓度恒定，故聚合速率恒定，直到单体液滴消失为止。

在这一阶段内，也可能由于凝胶效应而出现聚合速率提高的现象。

聚合体系在第二阶段内，存在两种粒子：乳胶粒和单体液滴。

第二阶段结束时，转化率因单体而异，如苯乙烯、丁二烯可达 40%～50%，而醋酸乙烯酯仅有 15%。

第三阶段：降速阶段。单体液滴消失后，乳胶粒内继续发生引发、增长、终止，直到单体完成转化。但由于单体无补充来源，聚合速率随乳胶粒内单体浓度下降而下降。在这一阶段内，聚合体系中只有乳胶粒一种粒子，粒子数目不变，最后粒径可达 50～200 nm，处于胶束(5 nm)和单体液滴(1000 nm)之间。

由于粒子过小，一般不符合使用要求，故可利用"种子聚合"的方法来增大粒子。所谓"种子聚合"是指在乳液聚合的配方中加入上次聚合得到的乳液。单体和水溶性引发剂分解成的自由基或短链自由基扩散进入原有的乳胶粒内，在其中增长而使粒子增大，最终粒径可达 1～2 μm(1000～2000 nm)。

通过乳液聚合动力学的聚合速率公式(式 5-1)，我们也可以很好地理解乳液聚合的三个阶段：

$$R_p = \frac{10^3 N k_p [\text{M}]}{2N_A} \qquad (5-1)$$

式中，R_p 为聚合速率；N 为恒速阶段乳胶粒浓度；k_p 为聚合速率常数；$[\text{M}]$ 为乳胶粒中的单体浓度；N_A 为阿佛伽德罗常数；10^3 为浓度换算系数(mol/mL→mol/L)；2 表示只有一半的乳胶粒中有自由基。

在第一阶段，自由基不断进入胶束引发聚合，成核的乳胶粒数 N 由零开始，不断增加，因而聚合速率不断增加。

在第二阶段，胶束已消失，不再有新的胶束成核，乳胶粒数 N 恒定；单体液滴存在，不断向乳胶粒补充单体，使得乳胶粒中的单体浓度$[\text{M}]$恒定。因此，在该阶段聚合速率恒定。

在第三阶段，单体液滴消失，乳胶粒内的单体浓度$[\text{M}]$不断下降，因而聚合速率不断下降。

从上述分析可见：乳液聚合速率取决于乳胶粒数 N，与引发速率无关。

式(5-2)是平均聚合度($\overline{X_n}$)与乳液聚合参数之间的关系。

$$\overline{X_n} = \frac{r_p}{r_i} = \frac{Nk_p[\text{M}]}{\rho} \qquad (5-2)$$

式中，N 为恒速阶段乳胶粒浓度；k_p 为聚合速率常数；$[\text{M}]$ 为乳胶粒中的单体浓度；ρ 为自由基生成速率或体系中总的引发速率；r_p 为聚合速率；r_i 为引发速率。

乳液聚合的平均聚合度等于动力学链长。虽然可以偶合终止，但一条长链自由基和一个初级自由基偶合，并不影响聚合物的聚合度。

乳液聚合的平均聚合度与乳胶粒数 N 有关，也与引发速率 ρ 有关。

在一般自由基聚合中，提高引发速率（如增加引发剂浓度、升高温度）可提高聚合速率，但同时将使得聚合度下降。而在乳液聚合中，在恒定的引发速率下，用增加乳胶粒数的方法，可同时提高 R_p 和 $\overline{X_n}$。这是乳液聚合的聚合速率高且聚合物分子量高的原因。

上述两个公式都涉及一个关键的参数，即乳胶粒浓度 N，由式（5-3）描述：

$$N = k\left(\frac{\rho}{\mu}\right)^{\frac{2}{5}}(a_s S)^{\frac{3}{5}} \qquad (5-3)$$

式中，μ 为乳胶粒体积增加速率；k 为常数；S 为体系中乳化剂的总浓度；a_s 为一个乳化剂分子所具有的表面积。

由式（5-3）可见：乳胶粒数一旦恒定，引发速率 ρ 不再影响聚合速率。因此，维持 ρ 恒定，增加乳化剂浓度以增加乳胶粒数，将可以同时提高 R_p 和 $\overline{X_n}$。这正是乳液聚合的独特之处。

【参考答案】

在乳液聚合中，由于引发剂的分解与引发场所分别在水相和乳胶粒中进行，故可以通过增加乳化剂的浓度以获得更多的乳胶粒，从而在提高聚合速率的同时增加自由基进入乳胶粒的时间间隔，延长自由基的寿命，获得更高的分子量。

在本体聚合中出现反应速率高和分子量增大是自动加速现象导致的，可参考第三章自由基聚合中的第19、21题。

融会贯通，相似知识点题型分析

填空题 7—9、简答题 10、选择题 11—12、判断题 13—15

7. 乳液聚合和其他聚合方法之间有一个极为重要的动力学上的区别是_____。

8. 与其他聚合方法相比，乳液聚合在调节分子量和反应速率方面的特点是_____
_____。

9. 以乳液聚合的方式进行自由基聚合反应时，增加乳化剂的用量，乳胶粒的数目将_____，聚合速率将_____。

10. 在聚合物的各种合成方法中，凡是使其聚合反应速率提高的因素必然伴随着其分子量降低，这种说法对吗？为什么，举例说明之。

11. 在自由基聚合的实施方法中，能够同时获得高聚合速率和高分子量的是(　　)。

A. 本体聚合　　　B. 溶液聚合　　　C. 悬浮聚合　　　D. 乳液聚合

12. 乳液聚合可实现反应速率高、聚合物分子量高，该现象和自由基本体聚合中出现的反应速率高及分子量增大现象的原因(　　)。

A. 都是由引发剂造成的

B. 都是由自动加速效应造成的

C. 都是由升温造成的

D. 乳液聚合是因其独特的动力学特征引起的，本体聚合是因自动加速效应造成的

13. 乳液聚合时聚合速率高、分子量高，是因为在聚合过程中产生凝胶效应使聚合速率提高，自由基寿命延长，分子量也就增大。　　　　　　　　　　　　(　　)

14. 乳液聚合因自动加速现象可实现分子量和聚合速率同时提高。　　　(　　)

15. 在乳液聚合中，由于单体液滴的体积远大于胶束的体积，有利于捕捉来自水相的自由基，故乳液聚合的主要聚合场所是在单体液滴中。　　　　　　(　　)

解题思路

这几个题目背后的知识点和解题思路是基本一致的，即乳液聚合可同时实现反应速率高、聚合物分子量高。

其原因已在前文详细陈述，此处简述如下：

在四种经典的聚合方法中，本体聚合、溶液聚合以及悬浮聚合在聚合机理上并无大的差异，引发剂的分解和引发场所都在同一个相中，故提高引发速率(如增加引发剂浓度、升高温度等)可提高聚合速率，但同时将使得聚合度下降。只有在乳液聚合中，由于引发剂的分解与引发场所分别为水相和乳胶粒，可以通过增加乳化剂的浓度获得更多的乳胶粒，从而在提高聚合速率的同时增加自由基进入乳胶粒的时间间隔，延长自由基的寿命，获得更高的分子量。这是乳液聚合可同时实现反应速率高、聚合物分子量高的核心原因。

【参考答案】

填空题7：乳液聚合可同时实现反应速率高和聚合物分子量高

填空题8：聚合物分子量高

填空题 9：增加　提高

简答题 10：不对。在本体聚合、溶液聚合以及悬浮聚合中，由于引发剂的分解和引发场所都在同一个相中，故提高引发速率(如增加引发剂浓度、升高温度等)可提高聚合速率，但同时将使得聚合度下降。而在乳液聚合中，由于引发剂的分解与引发场所分别为水相和乳胶粒，故可以通过增加乳化剂的浓度获得更多的乳胶粒，从而在提高聚合速率的同时增加自由基进入乳胶粒的时间间隔，延长自由基的寿命，获得更高的分子量。

选择题 11：D

选择题 12：D

判断题 13：×

原因：乳液聚合时聚合速率高、分子量高的原因并不是自动加速效应造成的。

判断题 14：×

原因：自动加速现象可实现分子量和聚合速率同时提高，但并不是乳液聚合时聚合速率高、分子量高的原因。

判断题 15：×

原因：由表 5－1 可见，单位体系中胶束的数量(浓度)是单体液滴的 100 万倍，故自由基更容易被胶束或增溶胶束而不是单体液滴捕获，乳液聚合的主要聚合场所是乳胶粒(发生了聚合的胶束或增溶胶束被称为"乳胶粒")，而非单体液滴。

典型题型分析 3

判断题 16、简答题 17、填空题 18—19

16. 工业上进行本体聚合时，常采用分段聚合：先预聚合到一定转化率，再进入第二阶段聚合。其目的是控制产物的分子量。　　　　　　　　　　　　(　　)

17. 苯乙烯本体聚合的工业生产分两个阶段。首先于 80～85 ℃使苯乙烯预聚至转化率 33%～35%。然后流入聚合塔，塔内温度从 100 ℃递升至 200 ℃，最后熔体挤出造粒。试解释采取上述步骤的原因。

18. 实施聚合的方法有＿＿＿＿＿＿＿。

19. 悬浮聚合中，体系的组成为＿＿＿＿＿＿＿。

解题思路

这几个题目实际上关注的是四种聚合(实施)方法的基本概念、主要特点和优缺点。图 5－3 是四种经典聚合实施方法的定义和体系组成。

本体聚合	溶液聚合	悬浮聚合	乳液聚合
定义 不加任何溶剂，加入或不加引发剂，用热、光辐射等方法进行聚合	将单体和引发剂溶于适当的溶剂中进行聚合 （溶剂与单体的体积比一般在10∶1左右）	单体液滴悬浮于水中的聚合	单体在乳液中聚合，乳液由水和乳化剂配成
体系组成 单体 引发剂（可选）	单体 油溶性引发剂 溶剂	单体 油溶性引发剂 水 分散剂	单体 水溶性引发剂 水 乳化剂

图5-3　四种聚合（实施）方法的定义和体系组成

这里我们借用一个成语典故"成也萧何，败也萧何"，帮助同学们更好地理解四种聚合（实施）方法的内在联系，以本体聚合为基础，说明溶液聚合、悬浮聚合和乳液聚合的优缺点，如图5-4所示。

（1）在本体聚合的聚合后期，体系的黏度上升，聚合热难以排出，易出现自动加速效应。在溶液聚合中引入了溶剂（一般而言，溶剂与单体的体积比大约为10∶1），大量溶剂的加入解决了体系黏度大和散热的问题，但溶剂的加入可能导致聚合速率下降（聚合速率 $R_p = k_p[M]^a[M\cdot]^b$。大量溶剂的加入，将使得单体浓度[M]和活性中心浓度[M·]都下降，聚合速率 R_p 也将显著下降）、聚合效率降低（单体浓度下降，导致聚合物的浓度也下降，同等体积的聚合釜，单位时间内能生产的聚合物也减少）、出现向溶剂转移以及后续溶剂的脱除等问题，那么这个溶剂就是所谓的"萧何"。

（2）在悬浮聚合中，水和分散剂的引入有效地解决了本体聚合散热差和黏度过大的问题，但水和分散剂的残留对聚合物透明性和电性能的影响则是悬浮聚合必须面对的新问题。这里边，水和分散剂就是"萧何"。

（3）同样是以水作为分散介质，由于引发剂的产生场所与引发场所不一致，乳液聚合拥有与本体聚合、溶液聚合、悬浮聚合不一样的机理，可通过增加乳化剂的含量来实现聚合速率与分子量的同时提高。但缺点也很明显：聚合完成后，若要得到固体聚合物，需对乳液进行破乳、絮凝等操作，一方面后处理成本增加，另一方面乳化剂往往难以完全去除，会导致聚合物的部分性能（如：透明性、绝缘性等）受到影响。因此，在乳液聚合中，水和乳化剂就成了"萧何"。

综上所述，我们用"成也萧何，败也萧何"从方法学上将四种聚合方法之间的内在关系有机地联系在一起：相对于本体聚合，溶剂、水、分散剂、乳化剂等的加入，都弥补了本体聚合"聚合热不易散出、搅拌困难"的不足，但同时也带来了一些新的问题。

我们也可以用如下的思维导图来描述上述关系：

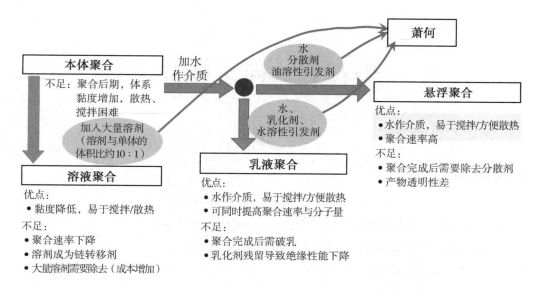

图5-4　用"成也萧何，败也萧何"帮助理解四种聚合（实施）方法的内在联系

回到本体聚合上，为了解决聚合后期体系的黏度上升，聚合热难以排出，易出现自动加速效应的不足，在聚合工艺上多采用分段聚合的方法：预聚阶段（一段聚合），转化率较低，黏度增加不显著，散热还能基本正常进行，可以采用正常的搅拌；二段聚合，通过将黏度较大的预聚体浇模或输入聚合塔，以增加散热面积，提高聚合温度，促进单体完成转化。

【参考答案】

判断题16：√

黏性简答题17：在苯乙烯的本体聚合中，当转化率较低时，可采用常规的搅拌，实现聚合热的排出；但转化率较高时，由于黏度太大，难以搅拌，宜采用缓慢升温、自然流动的方式进行二段聚合，以促使全部单体完成聚合。

填空题18：本体聚合、溶液聚合、悬浮聚合和乳液聚合

填空题19：单体、油溶性引发剂、水、分散剂

第六章　离子聚合

本章重点

- 离子聚合(阳离子聚合、阴离子聚合)的单体和引发剂类型
- 单体和引发剂的匹配
- 活性阴离子聚合的机理与特征
- 阴离子聚合的动力学
- 溶剂对阴离子聚合的影响
- 活性阴离子聚合制备 SBS、单分散聚苯乙烯、遥爪液体橡胶等应用

典型题型分析

填空题1、选择题2

1. 能进行阳离子聚合的单体有三类，即(1)＿＿＿＿＿＿，例如＿＿＿＿＿＿；(2)＿＿＿＿＿＿，例如＿＿＿＿＿＿；(3)＿＿＿＿＿＿＿，例如＿＿＿＿
＿＿＿＿＿。

2. 采用阳离子聚合并大规模工业化的产品是(　　　)。

A. 聚异丁烯　　　　B. 聚丙烯　　　　　C. 聚环氧丙烷　　　　D. 聚 1－丁烯

解题思路

这两题主要关注阳离子聚合烯类单体的种类与聚合物，首先应当分析乙烯基单体中是否有供电子取代基，再就是其数量。与双键相连的碳上带有供电子基如甲基、烷氧基等的烯类单体，原则上可进行阳离子聚合，原因如下：(1)供电子基团使双键电子云密度增加，有利于阳离子活性种进攻；(2)碳阳离子形成后，供电子基团的存在，使碳上电子云稀少的情况有所改变，体系能量有所降低，从而使得碳阳离子的稳定性

增加。

异丁烯的碳碳双键上带有两个供电子的 α-甲基，使碳碳双键电子云密度增加很多，易与质子亲和，且所形成的碳阳离子是三级碳阳离子（如下图），比较稳定；α-甲基上的氢原子受到邻近的四个甲基保护，不易发生副反应，故而可生成分子量很高的线形聚合物。

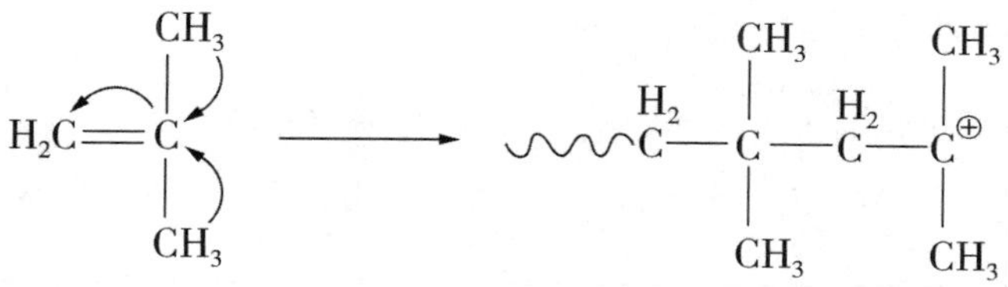

烷基乙烯基醚结构中存在诱导效应和 $p-\pi$ 共轭效应，示意如下：

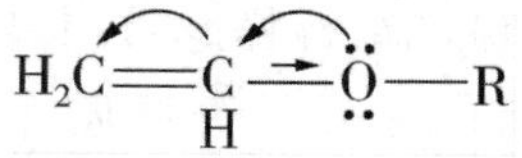

其中 R 为甲基、乙基、丙基等。

O 原子的电负性比 C 原子大，诱导效应使碳碳双键电子云密度降低；$p-\pi$ 共轭效应使双键电子云密度增加；而 $p-\pi$ 共轭效应占主导地位，总的结果是双键电子云密度增加。共轭烯烃如苯乙烯、α-苯乙烯、丁二烯、异戊二烯等的 π 电子云流动性大，容易诱导极化，但阳离子聚合活性远不及异丁烯和烷基乙烯基醚。以苯乙烯为标准，烯类单体阳离子聚合的相对活性如下表：

单体	相对活性
烷基乙烯基醚	很大
p-甲氧基苯乙烯	100
异丁烯	4
p-甲基苯乙烯	1.5
苯乙烯	1
α-甲基苯乙烯	1
p-氯代苯乙烯	0.4
异戊二烯	0.12
丁二烯	0.02

共轭二烯烃很少用于阳离子聚合的均聚，丁二烯、异戊二烯一般仅用作共单体。合成丁基橡胶，选择第二单体时，须考虑两单体的竞聚率。$AlCl_3 - CH_3Cl$ 催化体系，在 $-100\ ℃$ 下，异丁烯－异戊二烯的竞聚率 $r_1 = 2.5$，$r_2 = 0.4$，异丁烯－丁二烯的竞聚率 $r_1 = 115$，$r_2 = 0.01$，可见丁二烯阳离子聚合活性过低，不宜选做共单体，通常采用

异丁烯与异戊二烯(1.5%～4.5%)共聚制备丁基橡胶。

【参考答案】

填空题1：α-双取代烯烃　异丁烯　烷基乙烯基醚　乙基乙烯基醚　共轭烯烃　异戊二烯

选择题2：A

判断题3—4

3. 烷基乙烯基醚在H_2SO_4催化下很快进行阳离子聚合。 （　　）

4. 以三氟化硼为主引发剂，水为共引发剂，可以引发异丁烯进行阳离子聚合。 （　　）

解题思路

阳离子聚合的引发剂都是亲电试剂，释放出阳离子，引发单体生成碳阳离子。常用的第一类阳离子引发剂为能产生H^+的强质子酸，如H_2SO_4、$HClO_4$、H_3PO_4、Cl_3CCOOH等，所用的酸要有足够的酸性，以产生H^+，且酸根的亲核性不能太强，以免与活性中心结合产生共价键而失去活性。第二类为Lewis酸（电子受体，主引发剂），如$AlCl_3$、BF_3、$TiCl_4$、$SnCl_4$等，需在共引发剂存在的条件下才有引发作用。主引发剂的活性顺序为$BF_3 > AlCl_3 > TiCl_4 > SnCl_4$，其共引发剂为：（1）能析出质子的物质，如$H_2O$、$ROH$、$HX$、$RCOOH$等；（2）能析出碳阳离子的物质，如$RX$、$RCOX$、$(RCO)_2O$等。

常用的两个典型Lewis酸引发体系为：

（1）$BF_3 - H_2O$引发体系，其主引发剂与共引发剂之间的反应如下：

$$BF_3 + H_2O \Longleftrightarrow H^{\oplus}(BF_3OH)^{\ominus}$$

引发异丁烯单体的反应如下：

$$
\begin{array}{c}
CH_3 \\
|\\
H_2C=C \\
|\\
CH_3
\end{array}
+ H^{\oplus}(BF_3OH)^{\ominus} \longrightarrow
\begin{array}{c}
CH_3 \\
|\\
H_2C=C \cdot H^{\oplus}(BF_3OH)^{\ominus}\\
|\\
CH_3
\end{array}
\longrightarrow
\begin{array}{c}
CH_3 \\
|\\
H_3C—C^{\oplus}(BF_3OH)^{\ominus}\\
|\\
CH_3
\end{array}
$$

如果不加水，反应缓慢，加入微量的水后，反应则剧烈进行。

（2）$AlCl_3 - ClCH_3$引发体系，其主引发剂与共引发剂之间、引发单体的反应分别如下：

$$Cl—CH_3 + AlCl_3 \longrightarrow CH_3^{\oplus}(AlCl_4)^{\ominus}$$

$$
\begin{array}{c}
CH_3 \\
|\\
H_2C=C \\
|\\
CH_3
\end{array}
+ CH_3^{\oplus}(AlCl_4)^{\ominus} \longrightarrow
\begin{array}{c}
CH_3 \\
H_2 \quad |\\
H_3C—C—C^{\oplus}(AlCl_4)^{\ominus}\\
|\\
CH_3
\end{array}
$$

AlCl₃ 主引发剂与 ClCH₃ 共引发剂之间存在一个最佳配比，在此条件下异丁烯聚合速率最高，分子量最大。

【参考答案】
判断题 3：√
判断题 4：√

选择题 5—6

5. 阳离子聚合反应一般需要在较低温度下进行才能得到高分子量的聚合物，这是因为（　　）。

A. 碳阳离子很活泼，极易发生重排和链转移反应

B. 一般采用活性高的引发体系

C. 无链终止

D. 有自动加速效应

6. 阳离子聚合的 E_t 或 E_{tr} 大于 E_p，影响聚合度的综合活化能 $E_{\overline{X_n}}$ 常为（　　）值，这是阳离子聚合多在（　　）温度下进行的原因。

A. 正　　　　　　B. 负　　　　　　C. 高　　　　　　D. 低

解题思路

碳阳离子很活泼，极易发生重排和链转移反应，阳离子聚合由于向单体链转移常数大（$C_M = k_{tr,M}/k_p = 10^{-1} \sim 10^{-2}$），而自由基聚合的 C_M 仅为 $10^{-3} \sim 10^{-4}$，故链转移反应成为控制聚合物分子量的关键因素。阳离子聚合的动力学特征是低温高速，聚合速率随温度降低而升高，聚合度随温度降低而增大。因此往往需要在低温（如 $-100\,℃$）下进行，以抑制链转移反应，得到高分子量的聚合物。

聚合速率总活化能表示为：$E_R = E_i + E_p - E_t$。而 $E_{\overline{X_n}} = E_p - E_t$ 或 $E_{\overline{X_n}} = E_p - E_{tr}$，通常 E_t 或 E_{tr} 大于 E_p，故而 $E_{\overline{X_n}}$ 为负值。

如果 $T\downarrow$，则 $k_p\downarrow$、$k_t\downarrow\downarrow$、$k_{tr}\downarrow\downarrow$，这样活性中心（活性种）的寿命延长，所以 $\overline{X_n}\uparrow$。

【参考答案】
选择题 5：A
选择题 6：B　D

选择题 7

7. 阳离子聚合最主要的链终止方式是（　　）。

A. 向反离子转移　　　B. 向单体转移　　　C. 自发终止

解题思路

阳离子聚合的活性种很活泼，向单体转移为阳离子聚合的主要终止方式，反应式如下：

$$HM_n^{\oplus}(CR)^{\ominus} + M \xrightarrow{k_{tr,M}} M_n + HM^{\oplus}(CR)^{\ominus}$$

其特点是反应链终止了，形成带不饱和端基的大分子，但同时生成了新的活性中心，动力学链不终止。也就是原来的引发中心没有消失，继续引发聚合，这样聚合速率不变，但聚合度降低。

【参考答案】

B

计算题 8—10

8. 异丁烯阳离子聚合时以向单体转移为主要终止方式，聚合物末端为不饱和端基，现有 4.0 g 聚异丁烯恰好使 5.0 mL、0.01 mol/L 的溴-四氯化碳溶液褪色，试计算聚异丁烯的数均聚合度。

解题思路

一条聚异丁烯分子含有一个双键，消耗一分子溴，反应式如下：

$$\sim\sim CH_2-\underset{\underset{CH_3}{|}}{C}=CH_2 + Br_2 \longrightarrow \sim\sim CH_2-\underset{\underset{CH_3}{|}}{\overset{\overset{Br}{|}}{C}}-CH_2-Br$$

按题意：溴分子数为 $5.0 \times 10^{-3} \times 0.01 = 5.0 \times 10^{-5}$（mol），则异丁烯的数均分子量为 $\dfrac{4.0}{5.0 \times 10^{-5}} = 8.0 \times 10^4$（g/mol）。

异丁烯结构单元的相对分子质量为 56，则异丁烯的 $\overline{X_n} = 1430$。

9. $-35\,℃$ 下，以 $TiCL_4 - H_2O$ 作引发体系，异丁烯进行聚合，由下列单体浓度 - 聚合度数据求 k_{tr}/k_p 和 k_t/k_p。

$[C_4H_8]/(mol \cdot L^{-1})$	0.667	0.333	0.278	0.145	0.059
DP	6940	4130	2860	2350	1030

解题思路

阳离子聚合物的聚合度表达式为：$\dfrac{1}{X_n} = \dfrac{k_t}{k_p[M]} + C_M + C_S\dfrac{[S]}{[M]}$，式中各项分别代

表单基终止、向单体链转移终止、向溶剂链转移终止对聚合度的影响。

本题仅考虑向单体链转移终止，聚合度表达式可简化为：$\dfrac{1}{X_n} = \dfrac{k_t}{k_p[\text{M}]} + C_\text{M}$，各

$\dfrac{1}{X_n}$、$\dfrac{1}{[\text{M}]}$ 总结如下表：

$[\text{M}]/(\text{mol·L}^{-1})$	0.667	0.333	0.278	0.145	0.059
$\overline{X_n}$	6940	4130	2860	2350	1030
$\dfrac{1}{[\text{M}]}$	1.50	3.00	3.60	6.90	16.95
$\dfrac{1}{\overline{X_n}}$	1.44×10^{-4}	2.42×10^{-4}	3.60×10^{-4}	4.26×10^{-4}	9.71×10^{-4}

以 $\dfrac{1}{X_n}$ 为纵坐标，$\dfrac{1}{[\text{M}]}$ 为横坐标作图，两者呈线性关系，线性拟合所得直线方程为：

$$\frac{1}{X_n} = 5.12 \times 10^{-5} \frac{1}{[\text{M}]} + 1.01 \times 10^{-4}，其斜率为 k_t/k_p，截距则为 C_\text{M} 即 k_{tr}/k_p。$$

由此可得 $k_t/k_p = 5.12 \times 10^{-5}$，$k_{tr}/k_p = 1.01 \times 10^{-4}$。

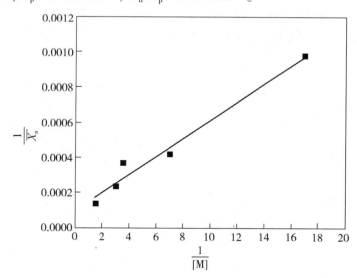

10. 异丁烯阳离子聚合时的单体浓度为 2.0 mol/L，链转移剂浓度分别为 0.2 mol/L、0.4 mol/L、0.6 mol/L、0.8 mol/L，所得聚合物的聚合度依次为 25.34、16.01、11.70、9.20，向单体和向链转移剂的转移是主要终止方式，试用作图法求转移常数 C_M 和 C_S。

📖 解题思路

根据题意，仅考虑向单体和溶剂链转移终止的影响，聚合度表达式可简化为：

$$\frac{1}{\overline{X}_n} = C_M + C_S \frac{[S]}{[M]}$$

按该式，$\dfrac{1}{\overline{X}_n} - \dfrac{[S]}{[M]}$ 呈线性关系。

各 $\dfrac{1}{\overline{X}_n}$、$\dfrac{[S]}{[M]}$ 总结如下表：

$[S]/(\mathrm{mol \cdot L^{-1}})$	0.2	0.4	0.6	0.8
$\overline{X}_n$	25.34	16.01	11.70	9.20
$\dfrac{[S]}{[M]}$	0.1	0.2	0.3	0.4
$\dfrac{1}{\overline{X}_n}$	0.039	0.062	0.085	0.11

以 $\dfrac{1}{\overline{X}_n}$ 为纵坐标，$\dfrac{[S]}{[M]}$ 为横坐标作图，线性拟合后，得到线性方程：

$$\frac{1}{\overline{X}_n} = 0.0231 \left(\frac{[S]}{[M]} \right) + 0.0163$$

所得直线方程的斜率为 C_S，截距则为 C_M。

由此可得：$C_S = 0.0231$，$C_M = 0.0163$。

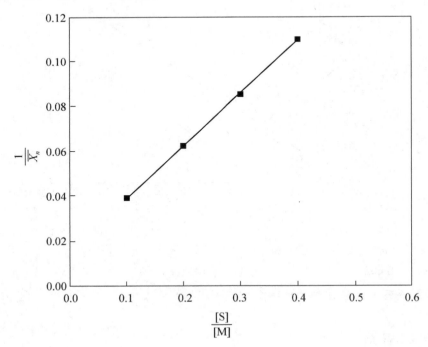

选择题 11—12、判断题 13

11. 阴离子活性聚合无链终止的主要原因是(　　)。

A. 阴离子聚合无双基终止而是单基终止

B. 阴离子本身比较稳定

C. 从活性链上脱除负氢离子困难

D. 活化能低，在低温下聚合

12. 许多阴离子聚合反应都比相应的自由基聚合有较高的聚合速率，主要是因为(　　)。

A. 阴离子聚合的 K_p 值大于自由基聚合的 K_p 值

B. 阴离子聚合活性种的浓度大于自由基活性种的浓度

C. 阴离子聚合的 K_p 值和活性种的浓度都大于自由基聚合的 K_p 值和活性种浓度

D. 阴离子聚合没有链终止

13. 阴离子活性聚合具有无终止、无转移的机理特征，因此聚合末期即使人为加入 pK_a 值比单体小的化合物也无法终止其活性。　　　　　　(　　)

 解题思路

这三道均是考查阴离子活性与终止方面特性的题。

活性链末端都是阴离子，无法双基终止；反离子为金属离子，无 H^+ 可供夺取而终止；从活性链上脱除 H^- 需要很高的能量，存在困难，因此阴离子活性聚合无链终止。影响阴离子聚合增长速率常数 K_p 的影响因素较多，溶剂极性、溶剂化能力和反离子半径对 K_p 均有影响。溶剂能使活性中心的形态结构及活性发生变化。以萘钠为引发剂，不同溶剂对苯乙烯阴离子聚合 K_p 的影响结果如下表：

溶　剂	介电常数 ε	$K_p/(L \cdot mol^{-1} \cdot s^{-1})$
苯	2.2	2
二氧六环	2.2	5
四氢呋喃	7.6	550
1,2 - 二甲氧基乙烷	5.5	3800

苯乙烯自由基聚合的 K_p 为 145，因此阴离子聚合的 K_p 值不一定都大于自由基聚合的 K_p 值。阴离子活性中心的浓度高，为 $10^{-3} \sim 10^{-2}$ mol/L，且活性中心所带电荷相同，同性相斥，不能双基终止；而自由基浓度仅为 $10^{-9} \sim 10^{-7}$ mol/L，且自由基易双基终止。

【参考答案】

选择题 11：C

选择题 12：B

判断题 13：×

选择题 14、判断题 15

14. 以下列溶剂为反应介质进行苯乙烯的阴离子聚合反应，聚合速率最高的是（　　）。

A. 苯　　　　　　　B. 正己烷　　　　　　C. 环己烷　　　　　　D. 硝基苯

15. 在阴离子聚合中，所选用的溶剂的介电常数或电子给予指数越大，则聚合速率越高。 （　　）

 解题思路

介电常数 ε：表示溶剂极性的大小，ε 越大，溶剂极性越大，活性链离子与反离子的离解程度越大，自由离子越多，聚合速率越大。

电子给予指数：反映了溶剂的给电子能力，该指数越大，溶剂的给电子能力越强，对反离子的溶剂化作用越强，离子对也越容易分开。常见溶剂的电子给予指数和介电常数如下表。

溶剂	电子给予指数	介电常数	溶剂	电子给予指数	介电常数
苯	2.0	2.2	乙醚	19.2	4.3
二氧六环	5.0	2.2	四氢呋喃（THF）	20.0	7.6
硝基苯	4.4	34.5	二甲基甲酰胺（DMF）	30.9	35.0
丙酮	17.0	20.7	吡啶（C_5H_5N）	33.1	12.3

【参考答案】

选择题 14：D

判断题 15：√

简答题 16—17

16. 在离子聚合反应过程中，活性中心离子和反离子之间的结合有几种形式？其存在形式受哪些因素的影响？

解题思路

在离子型聚合中，活性中心离子以自由离子的形式与反离子呈疏松离子对、紧密离子对的方式结合并处于平衡状态（如下图所示）。随着溶剂极性增加，自由离子数目增加，聚合速率提高。

$$R\text{-}Li \rightleftharpoons R^{\ominus}Li^{\oplus} \rightleftharpoons R^{\ominus}/\!/Li^{\oplus} \rightleftharpoons R^{-} + Li^{+}$$

共价键　　紧密离子对　疏松离子对　　　自由离子

在阴离子聚合体系中，链增长活性中心既有离子对，也有自由离子，二者处于平衡。活性次序：自由离子 > 疏松离子对 > 紧密离子对 > 共价键。

$$\sim\!\!\sim\!M^{\ominus}Na^{\oplus} + M \xrightarrow{k_{(\mp)}} \sim\!\!\sim\!MM^{\ominus}Na^{\oplus}$$
$$\big\Updownarrow K \qquad\qquad \big\Updownarrow K$$
$$\sim\!\!\sim\!M^{-} + Na^{+} + M \xrightarrow{k_{(-)}} \sim\!\!\sim\!MM^{-} + Na^{+}$$

溶剂极性、溶剂化能力和反离子半径对阴离子聚合 K_p 具有复杂的影响。

17. 以二氧六环为溶剂，分别以 RLi、RNa、RK 为引发剂，在相同的条件下使苯乙烯聚合。判断采用不同引发剂时聚合速率的高低顺序。若改为以四氢呋喃作溶剂，聚合速率的高低顺序如何？说明判断的依据。

解题思路

溶剂能使活性中心的形态结构及活性发生变化。

（1）弱极性的二氧六环的电子给予指数为 5.0，介电常数为 2.2，离子对不离解，无自由离子存在，以紧密离子对存在，速率常数 $k_{(\mp)}$ 很小。反离子半径的增大，使得离子对的间距增大，单体容易插入，$k_{(\mp)}$ 随离子半径的增大而增大。聚合速率的高低顺序为：RK > RNa > RLi，在非极性的苯、环己烷溶剂中也是这样的顺序。

（2）THF 的电子给予指数为 20.0，介电常数为 7.6，溶剂化能力强，离子对少量离解成自由离子，各种反离子的 $k_{(-)}$ 相同，为 6.5×10^4；多数以疏松离子对存在，而 $k_{(\mp)}$ 随反离子半径增大而减小，原因是离子半径小，溶剂化程度大。聚合速率高低顺序为：RLi > RNa > RK。苯乙烯阴离子聚合增长速率常数（25 ℃）如下表。

反离子	二氧六环	四氢呋喃		
	$k_{\mp}$	$k_{\mp}$	$K/(\times 10^{-7})$	k_{-}
Li$^+$	0.04	100	2.2	
Na$^+$	3.4	80	1.5	
K$^+$	19.8	60～80	0.8	6.5×10^4
Rb$^+$	21.5	50～80	1.1	
Cs$^+$	24.5	22	0.02	

简答题 18

18. 请写出用萘钠引发苯乙烯聚合的引发反应式。

解题思路

萘钠引发苯乙烯聚合是最典型的阴离子聚合反应。施瓦茨（Szwarc）在1956年对萘钠在四氢呋喃（THF）中引发苯乙烯聚合的发现具有划时代意义，他提出了活性聚合的概念，阴离子活性聚合是唯一获得工业化应用的活性聚合方法。第一步将萘和钠溶于THF中，钠将最外层电子转移给萘，形成萘钠阴离子–自由基，呈绿色；第二步加入苯乙烯立刻转变成浅红色，形成苯乙烯阴离子–自由基；第三步两阴离子的自由基端基偶合成苯乙烯双阴离子；第四步苯乙烯双阴离子双向引发苯乙烯聚合，直至单体耗尽，红色也不消失。该方法通过将萘钠溶解在极性溶剂中，形成均相体系，从而提高碱金属的利用率高。

第一步：

第二步：

第三步：

第四步：$Na^{\oplus} CH^{\ominus}$—CH_2—CH_2—$CH^{\ominus} Na^{\oplus}$ + $(x+y+2)CH_2$=CH ——→

$Na^{\oplus} CH^{\ominus}$—$CH_2$$\left[CH-CH_2\right]_x$$CH$—$CH_2$—$CH_2$—$CH$$\left[CH_2-CH\right]_y$$CH_2$—$CH^{\ominus} Na^{\oplus}$

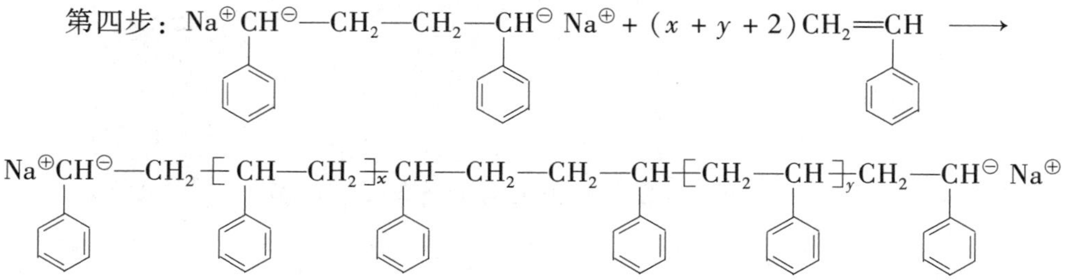

选择题 19—21

19. 以下聚合物商品中用阴离子聚合制备的是(　　　)。

A. 丁基橡胶

B. 有机玻璃

C. 三元乙丙橡胶

D. SBS 热塑弹性体

解题思路

本题旨在认识典型的阴离子聚合物。工业上丁基橡胶采用阳离子聚合制备，有机玻璃采用自由基聚合制备，三元乙丙橡胶采用配位聚合制备。具有吸电子基团且π—π共轭的烯类单体如丙烯腈、甲基丙烯酸甲酯、丙烯酸酯类等，其吸电子基团能使双键上的电子云密度减少，有利于阴离子的进攻，并使形成的碳阴离子的电子云密度分散而稳定。例如聚丙烯腈，其碳阴离子的结构示意图如下：

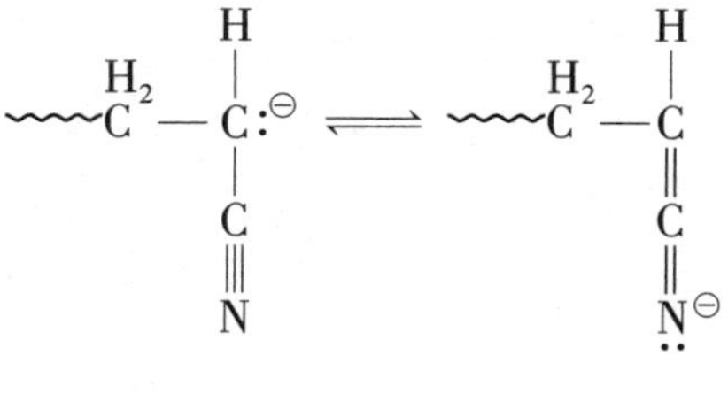

π—π 共轭单体(如苯乙烯、丁二烯、异戊二烯等)的共轭结构能使阴离子活性中心稳定，可进行阴离子聚合。

p—π 共轭的单体(如杂环化合物环氧乙烷)可进行阴离子开环聚合，但由于 p—π供电子共轭效应降低了其吸电子诱导效应对双键电子云的降低程度，不利于阴离子的进攻，故其不具备阴离子聚合活性，如氯乙烯、醋酸乙烯酯等。

此外，在 $Q-e$ 概念中，e 值越大，取代基吸电子性越强，则单体越易进行阴离子聚合。

【参考答案】

D

20. 能采用阳离子、阴离子与自由基三种聚合机理聚合的单体是（　　）。

A. 苯乙烯　　　　B. 乙烯基丁醚　　　C. 甲基丙烯酸丁酯　D. 2‑氰基丙烯

21. 在下列单体中，既能进行阴离子聚合，又能进行阳离子聚合反应的是（　　）。

A. 异丁烯　　　　B. 环氧乙烷　　　　C. 丙烯腈　　　　D. 氯乙烯

 解题思路

　　这两题考查烯类单体对聚合机理的选择性。丙烯腈、甲基丙烯酸甲酯、丙烯酸酯类、氰基丙烯、硝基乙烯等带有吸电子基团的烯类单体容易进行阴离子聚合；异丁烯、烷基乙烯基醚等带供电子基团的烯类单体容易进行阳离子聚合。苯乙烯为共轭烯烃结构，则能进行自由基聚合、阴离子聚合和阳离子聚合。环氧乙烷为三元环氧化物，环张力大，其缺电子的碳原子易受阴离子的进攻，可进行阴离子开环聚合得到高分子量的聚合物。环氧乙烷为环醚，是 Lewis 碱，分子中极性 C—O 键是其活性基，富电子的氧原子易受阳离子进攻，能进行阳离子开环聚合。

【参考答案】

选择题 20：A

选择题 21：B

判断题 22—24

22. 微量的水分可以引发 α-氰基丙烯酸乙酯进行阴离子聚合，即水可以作为阴离子聚合的引发剂，所以水也可引发苯乙烯的阴离子聚合。　　　　　　　　　　（　　）

 解题思路

　　阴离子聚合单体的活性差异很大，活性高的引发体系可以引发活性低的单体聚合，但反过来则不行。α-氰基丙烯酸乙酯（俗称"502 胶水"的主要成分）因其具有共轭体系、强吸电子的 α-氰基和吸电子的酯基，故具有极高的聚合活性，甚至可以用水来引发聚合。但其他绝大部分阴离子聚合单体的活性难以达到 α-氰基丙烯酸乙酯的水平，其所对应的碳阴离子活性很高，痕量杂质如水、氧、CO_2 足以杀死活性中心，因此所有试剂必须达到"超纯"，且反应必须在惰性气体的保护下进行。

因此，我们不能以"水可以引发 α-氰基丙烯酸乙酯的阴离子聚合"这一特例，来一概而论"水可以引发其他单体的阴离子聚合"。

【参考答案】

×

23. 丙烯腈具有较强的吸电子侧基，易进行阴离子聚合；异丁烯带有推电子的侧基，易进行阳离子聚合。由于两种单体的极性相差较大，故二者进行离子共聚时，易得到交替共聚物。 （　　）

24. 苯乙烯和丙烯腈的极性相差较大，二者进行自由基共聚合时，易得到具有交替结构的共聚物（SAN 树脂），但两种单体通过阴离子聚合得到的可能是嵌段共聚物。 （　　）

解题思路

在判断两个单体能否采用某种聚合机理聚合得到特定结构的产物时，首先应该判断所述的单体能否以该种机理进行聚合。对于判断题 23 中所述的丙烯腈和异丁烯，前者是具有强吸电子基团和 π-π 共轭的单体，是典型的可进行阴离子聚合的单体，但不适宜进行阳离子聚合（或者说，其阳离子聚合活性极低）。异丁烯可进行阳离子聚合，但因其无 π-π 共轭效应，无法进行阴离子聚合。由此可见，无论是采用阴离子聚合，抑或是阳离子聚合，这一对单体都会由于二者的离子聚合活性相差甚大而难以进行共聚。因此不能以两种单体分别具有推电子侧基和吸电子侧基为由，便推定二者可经离子共聚得到交替共聚物。

苯乙烯和丙烯腈的极性相差较大，二者进行自由基共聚合时，易得到具有交替结构的共聚物（SAN 树脂）。能够进行离子共聚的单体对数不多，极性相差大的两种单体很难进行阳离子或阴离子共聚。丙烯腈与苯乙烯极性相差较大，故二者很难进行离子共聚。先加低活性的苯乙烯，再加高活性的丙烯腈进行阴离子聚合得到的可能是聚苯乙烯－丙烯腈嵌段共聚物。极性相近的单体进行离子共聚，多接近理想共聚，$r_1 r_2 \approx 1$，但较难合成两种结构单元含量都很高的共聚物，可引入少量第二单体来改性，如异丁烯与 2%～5% 异戊二烯的阳离子共聚。

【参考答案】

判断题 23：×

判断题 24：√

选择题 25

25. 用苯作溶剂，丁基锂做引发剂进行异戊二烯的阴离子聚合，所得聚合物的微结构主要为（　　）。

A. 1,2 – 加成结构   B. 3,4 – 加成结构

C. 顺式1,4 – 加成结构   D. 反式1,4 – 加成结构

 解题思路

阴离子聚合引发剂是电子给予体，是亲核试剂，为碱类，如：（1）碱金属 Li、Na、K 等，其外层只有一个电子，易转移给单体，使单体成为阴离子活性中心，从而引发聚合；（2）金属氨基化合物 $KNH_2—NH_3$ 等；（3）金属烷基化合物，其中丁基锂（BuLi）是最常用、最重要的阴离子聚合引发剂。

阴离子聚合引发剂和溶剂的性质不仅影响聚合速率，而且影响配位定向能力，只有单体 – 引发剂 – 溶剂配合得当，才能兼顾聚合活性和定向能力。在非极性溶剂中，由丁基锂引发二烯烃（丁二烯、异戊二烯等）聚合，单体首先与 sp^3 构型的 Li^+ 配位，形成六元环过渡态，如下式，而后插入 C^-Li^+ 键而增长，产物以顺式1,4 – 结构为主。

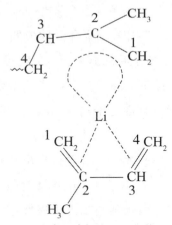

异戊二烯顺1,4–配位

【参考答案】

C

判断题 26、填空题 27

26. 丁基锂在苯、甲苯等非极性溶剂中有缔合现象，缔合度为 2～6 不等；缔合体有引发活性，与单分子丁基锂一同引发苯乙烯的阴离子聚合。（　　）

27. 在非极性溶剂中，用正丁基锂来引发苯乙烯聚合，发现引发速率和增长速率分别为正丁基锂的 1/4 和 1/2 级，表明正丁基锂的缔合度为 _____，而活性链的缔合度为 _____。

解题思路

丁基锂在苯、甲苯、己烷、环己烷等非极性溶剂中有缔合现象，缔合度为 2 ～ 6 不等。如果添加少量的 Lewis 碱如 THF，则不缔合。丁基锂浓度很低时，基本不缔合。缔合体无引发活性，只有单分子丁基锂才能引发。单分子丁基锂与缔合体处于平衡状态。丁基锂分子本身的配位作用导致了缔合体的形成。

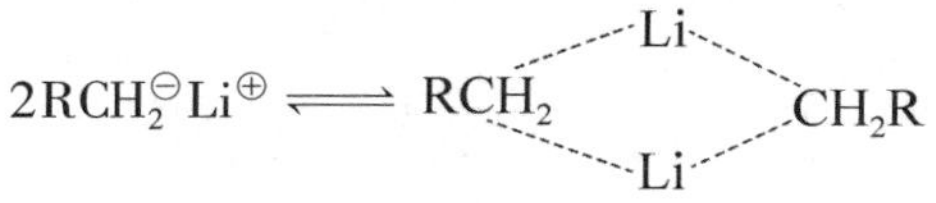

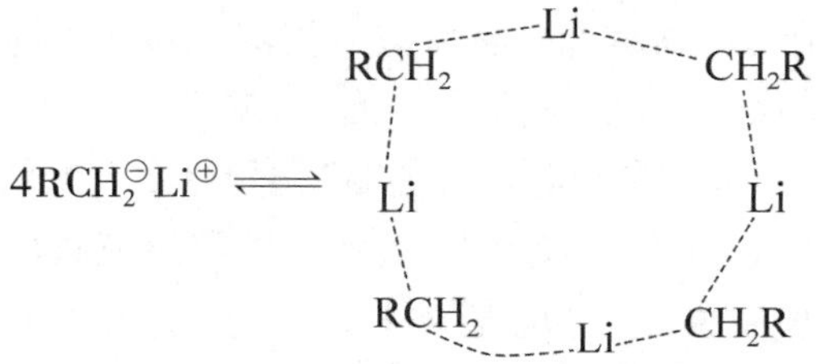

未缔合的活性链和丁基锂的浓度分别为：

$$\left[C_4H_9M_n^- Li^+ \right] = k_2^{1/2} \left[\left(C_4H_9M_n^- Li^+ \right)_2 \right]^{1/2}$$

$$\left[C_4H_9Li \right] = k_1^{1/4} \left[\left(C_4H_9Li \right)_4 \right]^{1/4}$$

【参考答案】

判断题 26：×

填空题 27：4 和 2　1

填空题 28

28. 利用活性阴离子聚合制备苯乙烯-丁二烯-α-甲基苯乙烯三嵌段共聚物时，加料顺序应为：_____。

解题思路

与苯乙烯相比，α-甲基苯乙烯多了一个弱推电子的甲基，使得其阴离子聚合活性低于苯乙烯。与丁二烯相比，苯乙烯的共轭效应较弱，且苯环具有弱的推电子性，故相比于丁二烯，苯乙烯的阴离子聚合活性应略低。在合成嵌段共聚物时，应先合成活性较低的单体所在的嵌段，再合成较高活性单体的嵌段。因此，加料顺序为：α-甲基苯乙烯、苯乙烯、丁二烯。

【参考答案】
α-甲基苯乙烯、苯乙烯、丁二烯

选择题 29

29. 利用阴离子聚合制备嵌段共聚物时，单体的加料顺序很重要。请选择以下单体的加料顺序，以确保能够制得嵌段共聚物(　　)。

A. 苯乙烯、硝基乙烯、丙烯酸甲酯　　　B. 丙烯酸甲酯、硝基乙烯、苯乙烯

C. 苯乙烯、丙烯酸甲酯、硝基乙烯　　　D. 丙烯酸甲酯、苯乙烯、硝基乙烯

 解题思路

单体双键上的电子云密度越低，越易进行阴离子聚合，即单体的活性越高，则所得的阴离子活性中心越稳定(即引发活性越低，越难引发活性低的单体进行聚合)。采用阴离子活性聚合制备嵌段共聚物时，应遵循"先聚合含有低活性单体的嵌段，后聚合含有高活性单体的嵌段"的原则。采用 K_a 表示单体离解成碳阴离子的平衡常数，根据 $pK_a = -\lg K_a$ 可知，K_a 值越小，则 pK_a 值越大，一些常用化合物的 pK_a 值如下表。硝基乙烯单体的 pK_a 值约为 11，活性高；丙烯酸甲酯的 pK_a 值约为 24，活性次之；苯乙烯的 pK_a 值约为 40，再次之。

化合物	pK_a 值
乙烷	48
苯	41
苯乙烯、二烯烃	40～42
氨	36
丙烯酸酯类	24
丙烯腈	25
炔烃	25
甲醇	16
环氧化合物	15
硝基烯烃	11

除了利用 pK_a 值来判断单体的阴离子聚合活性之外，还可通过分析单体的结构来定性判断其进行阴离子聚合的活性。

阴离子聚合的单体(以 α-烯烃为例)一般要求具有 $\pi - \pi$ 共轭效应，共轭效应越强则聚合活性越高；如果侧基具有吸电子性，则更有利于提高单体的聚合活性。因此，我们在判断单体的阴离子聚合活性时，可以遵循的基本原则为：$\pi - \pi$ 共轭效应越强、

侧基吸电子性越强，则单体的阴离子聚合活性越高。

对于常见的 α-烯烃而言，$\pi-\pi$ 共轭效应的强弱可以通过 Q 值(参考：本书第四章自由基共聚合提到的 $Q-e$ 概念)来判断，例如：苯乙烯的 Q 值为 1，其他共轭二烯烃、丙烯酸酯类单体的 Q 值都大于 1，说明这些单体的共轭效应强于苯乙烯。侧基的吸电子性强弱则可通过 e 值来判断，例如，苯乙烯的 e 值为 -0.8，表示苯环有弱推电子性。又如，甲基有弱的推电子性，酯基有较强的吸电子性、氰基有强的共轭效应和强的吸电子性。

以苯乙烯为参考，α-甲基苯乙烯相比于苯乙烯多了一个弱推电子性的甲基，故其阴离子聚合活性较苯乙烯略低一些。

丁二烯的 $\pi-\pi$ 共轭效应强于苯乙烯，故其阴离子聚合活性较苯乙烯略高一些。

丙烯酸酯类的 $\pi-\pi$ 共轭效应强于丁二烯，且酯基具有较强的吸电子性，故其阴离子聚合活性高于丁二烯。

丙烯腈类的 $\pi-\pi$ 共轭效应强于丙烯酸酯类，且氰基具有更强的吸电子性，故其阴离子聚合活性高于丙烯酸酯类。

如果共轭单体同时具有双吸电子取代基，则共轭效应与强吸电子效应叠加，会极大提高单体的阴离子聚合活性，例如：α-氰基丙烯酸乙酯(俗称"502"胶水的主要成分)，因其同时具有较强 $\pi-\pi$ 共轭效应和强吸电子效应的氰基和酯基，故其聚合活性极高，甚至可以用空气中含有的微量的水来引发聚合，这也是"502"胶水可迅速粘接的原因。

基于上述讨论，我们可以大致排列出常见的 α-烯烃的阴离子聚合活性的高低：

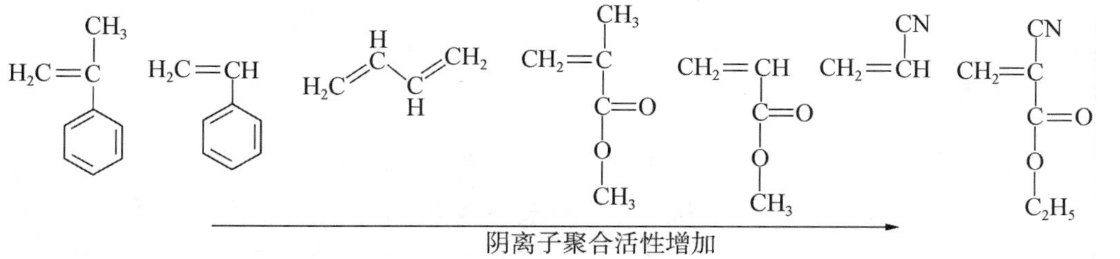

阴离子聚合活性增加

【参考答案】

C

简答题 30—32

30. 画出用阴离子聚合制备聚苯乙烯-b-聚甲基丙烯酸甲酯(PS-b-PMMA)的反应方程式，并用 pK_a 规律解释单体加入顺序。

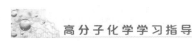

解题思路

对于阴离子聚合，单体上的吸电子基团能使双键上的电子云密度减弱，有利于阴离子的进攻，并使所形成的阴离子的电子云密度分散而稳定。因而取代基的吸电子能力越强，单体 M 的活性越大，但单体形成的阴离子活性中心 M^- 越稳定(不活泼)。这意味着在嵌段共聚物的制备中，并非所有的活性聚合物都能引发另一种单体聚合，单体(以 M_1、M_2 为例)的加料顺序决定于 M_1^- 和 M_2^- 的相对碱性(或者说 M_1^- 的供电子能力和 M_2 的亲电子能力)，即碱性强的可以转化成碱性相对较弱的，反之则行不通。而这种能力(或碱性)可以通过单体的 pK_a 值得以体现，pK_a 越小的单体，其取代基的吸电子能力越强，M^- 的碱性越弱，需要后加。苯乙烯和甲基丙烯酸甲酯，前者形成的阴离子的碱性要远大于后者形成的阴离子的碱性，因而需要先聚合苯乙烯，后聚合甲基丙烯酸甲酯。制备 PS-*b*-PMMA 的反应方程式如下。

31. 试举例说明阴离子活性聚合可制备有实用价值的聚合物的实例，并作简单的说明。

解题思路

根据阴离子活性中心无终止的特征，阴离子聚合可用于：

(1)制备分子量均一的聚合物。如采用萘钠/THF/苯乙烯聚合体系制备的聚苯乙烯产物 $\dfrac{\overline{M_w}}{\overline{M_n}}$ 为 1.06～1.12，分子量分布很窄，接近单分散性，可用作凝胶色谱技术分子量测定中的标样。

(2)制备嵌段共聚物。利用阴离子聚合，相继加入不同活性的单体(先合成活性较低的单体所在的嵌段，再合成活性较高的单体所在的嵌段)，对每段的分子量进行精确控制即可得到嵌段共聚物。苯乙烯－丁二烯－苯乙烯三嵌段共聚物(SBS)即为一种典型的嵌段共聚物，其为一种热塑性弹性体。其合成步骤中丁二烯的1,4－聚合是使 SBS 具有弹性的根本保证，必须用丁基锂(BuLi)做引发剂，采用非极性溶剂(如己烷、环己烷、甲苯、苯)。鉴于苯乙烯与丁二烯活性相近，故采取苯乙烯、丁二烯、苯乙烯的三步法加料顺序。

（3）制备带有特殊官能团的遥爪聚合物，即分子链两端都带有活性官能团的聚合物。其两个官能团遥遥位居于分子链的两端，就好像两个爪子，故被称为遥爪聚合物。双阴离子聚合结束后，加入二氧化碳、环氧乙烷等形成带有羧基、羟基等的遥爪聚合物，反应过程表示如下：

$$Li^{\oplus} \; H_2C^{\ominus} \sim\!\!\sim\!\!\sim CH_2^{\ominus} \; Li^{\oplus} \xrightarrow{CO_2} Li^{\oplus} \; O^{\ominus}\!-\!\overset{\overset{O}{\|}}{C} \; CH_2\sim\!\!\sim\!\!\sim CH_2 \; \overset{\overset{O}{\|}}{C}\!-\!O^{\ominus} \; Li^{\oplus} \xrightarrow{H^+}$$

$$HO\!-\!\overset{\overset{O}{\|}}{C} \; CH_2\sim\!\!\sim\!\!\sim CH_2\overset{\overset{O}{\|}}{C}\!-\!OH$$

$$Li^{\oplus} \; H_2C^{\ominus}\sim\!\!\sim\!\!\sim CH_2^{\ominus} \; Li^{\oplus} \xrightarrow{\overset{\overset{CH_2-CH_2}{\diagdown\!O\!\diagup}}{}} Li^{\oplus} \; O^{\ominus}\!-\!CH_2CH_2CH_2\sim\!\!\sim\!\!\sim CH_2CH_2CH_2\!-\!O^{\ominus} \; Li^{\oplus}$$

$$\xrightarrow{H^+} HO\!-\!CH_2CH_2CH_2\sim\!\!\sim\!\!\sim CH_2CH_2CH_2\!-\!OH$$

$\sim\!\!\sim\!\!\sim$ 为聚丁二烯

32. 什么叫活性聚合？阴离子聚合的重要特征有哪些？为什么阴离子聚合可为活性聚合？

解题思路

只有链引发和链增长的聚合被称为活性聚合。

阴离子聚合具有以下特征：① 引发剂全部快速地转变为阴离子活性种，所有链增长同时开始，聚合物分子量分布窄；② 各链的增长速率相等，无链转移和终止反应；③ 单体耗尽后，链活性中心仍保持活性，再加入单体，聚合反应重新开始。若加入异种单体，则聚合结束后可得到嵌段聚合物；④ 聚合物的分子量随着转化率线性增加，聚合度正比于[M]/[I]。产物的分子量与引发剂浓度、单体浓度有定量关系，可以定量计算，故也称为"化学计量聚合"。阴离子聚合只有链引发和链增长，无终止，所以为活性聚合。

当单体转化率为100%时，活性聚合物的平均聚合度应等于每个活性端基所加上的单体数量，即单体浓度与活性端基浓度之比。

使用单官能引发剂时，$\overline{X}_n = \dfrac{[M]}{[M^-]} = \dfrac{[M]}{[C]}$，即每一分子引发剂引发聚合所消耗的单体分子数。

使用双官能引发剂时，$\overline{X}_n = \dfrac{[M]}{[M^-]} = \dfrac{[M]}{[C]/2} = \dfrac{2[M]}{[C]}$，双官能引发剂分子链向两个方向增长，故聚合度是用单官能引发剂时的两倍。

计算题 33—35

33. 将 1.0×10^{-3} mol 的萘钠溶于四氢呋喃中，然后迅速加入 2.0 mol 的苯乙烯，溶液的总体积为 1 L。假如单体立即均匀混合，发现 2000 s 内已有一半单体聚合。计算在聚合了 2000 s 和 4000 s 时的聚合度。

 解题思路

阴离子聚合物的分子量随着转化率线性增加。

初始单体浓度 $[M]_0 = 2$ mol/L，初始引发剂浓度 $[C]_0 = 1.0 \times 10^{-3}$ mol/L。

特别注意本题所用的是萘钠双官能引发剂，分子链向两个方向增长，故聚合度 $\overline{X_n} = \dfrac{2\Delta[M]}{[C]_0}$。

根据题意可知 2000 s 时的 $[M]_t = 1$ mol/L，由 $\ln \dfrac{[M]_0}{[M]_t} = k_p[C]_0 \times t$ 求得 $k_p = \dfrac{\ln 2}{[C]_0 \times t} = 0.3466$。

2000 s 时，$[M]_t = 1$ mol/L，$\Delta[M] = 1$ mol/L，则

$$\overline{X_n} = \Delta[M]/[C]_0 \times 2 = \frac{1}{1.0 \times 10^{-3}} \times 2 = 2000$$

4000 s 时，有

$$\ln \frac{[M]_0}{[M]_{4000\,s}} = k_p[C]_0 \times t = 0.3466 \times 1.0 \times 10^{-3} \times 4000 = 1.3864$$

由此计算得到 $[M]_{4000\,s} = 0.5$ mol/L，故

$$\overline{X_n} = \Delta[M]/[C]_0 \times 2 = \frac{1.5}{1.0 \times 10^{-3}} \times 2 = 3000$$

34. 在某规格的聚苯乙烯的生产过程中，采用丁基锂为引发剂进行苯乙烯的聚合，所用引发剂溶液的浓度为 1.0 mol/L、单体苯乙烯的质量为 500 g。若需制备数均分子量为 5×10^4 g/mol 的聚苯乙烯，需加多少毫升引发剂溶液？

 解题思路

已知所得聚苯乙烯的数均分子质量为 5×10^4 g/mol，设需加引发剂溶液的体积为 Y 毫升，则引发剂的摩尔数 $[C]_0$ 为：$1.0 \times 10^{-3} \times Y$。

丁基锂为单阴离子引发苯乙烯聚合，直接按数均分子量的定义，有：

$5 \times 10^4 = 1 \times 500/(1.0 \times 10^{-3} \times Y)$

$Y = 10$ mL

因此需要加入 10 mL 引发剂溶液。

35. 在搅拌下依次向装有四氢呋喃的反应器中加入 0.2 mol 丁基锂和 20 kg 苯乙烯。当单体聚合到一半时，再加入 1.8 g 水，然后继续反应。假如被水终止的聚苯乙烯和以后继续增长的聚苯乙烯的分子量分布指数均是 1，试计算：

(1)被水终止的聚合物的数均分子量；

(2)未被水终止的活性链的最终分子量。

解题思路

水能终止丁基锂阴离子的活性，单体聚合到一半时，所得聚苯乙烯的 $\overline{M}_n$ 为 $1.0 \times 10^4/0.2 = 5.0 \times 10^4 (\mathrm{g/mol})$。加入 1 分子水使 1 个分子链增长终止，0.1 mol 水终止同样量的聚苯乙烯，这部分被终止的聚合物 $\overline{M}_n$ 为 $5.0 \times 10^4 \mathrm{g/mol}$。

未被水终止的活性链继续增长，$\overline{M}_n$ 为：$5.0 \times 10^4 + 10 \times 10^3/0.1 = 1.5 \times 10^5 (\mathrm{g/mol})$。

判断题 36

36. 某位同学采用自由基聚合和阴离子聚合分别合成得到了两种聚甲基丙烯酸甲酯的样品，并测得两样品的数均分子量均为 $1.0 \times 10^5 \mathrm{g/mol}$，那么用这两个样品制备的聚甲基丙烯酸甲酯片材具有相同的力学性能。　　　　　　　　　　　　( )

解题思路

数均分子量相同的两种聚甲基丙烯酸甲酯的分子链结构可以不同，通过自由基聚合方法得到的产物立构规整性差，而通过阴离子聚合可以得到定向产物。力学性能是聚合物结构的反映，结构不同的两个样品，它们的力学性能也不会相同。

【参考答案】

×

简答题 37—38

37. 比较自由基聚合与离子型聚合在引发剂种类、单体结构、溶剂的影响、反应温度、聚合机理等方面的差别。

解题思路

(1)引发剂种类：自由基聚合采用受热易产生自由基的物质如偶氮类、过氧类、氧化还原体系作为引发剂，引发剂的性质只影响引发反应，用量影响 R_p 和动力学链长。离子聚合采用容易产生活性离子的物质作为引发剂，阳离子聚合为亲电试剂如 Lewis

酸，需共引发剂；阴离子聚合为亲核试剂，如碱金属及金属有机化合物，其金属阳离子在活性中心近旁成为反离子，其形态影响聚合速率、分子量、产物的立构规整性。

（2）单体结构：带有弱吸电子基的乙烯基单体、共轭烯烃可以进行自由基聚合，带有强推电子取代基的烯类单体可以进行阳离子聚合，带有强吸电子取代基的烯类单体可以进行阴离子聚合，共轭烯烃可以进行三种聚合。离子聚合对单体有较高的选择性。

（3）溶剂：溶剂的极性和溶剂化能力，对离子聚合活性种的形态有较大影响，从而影响到 R_p、$\overline{X_n}$ 和产物的立构规整性。

（4）反应温度：自由基聚合的反应温度取决于引发剂的分解温度，通常在 $50 \sim 80$ ℃，离子聚合由于引发活化能很小，故为防止链转移、重排等副反应，在低温下聚合。阳离子聚合常在 $-100 \sim -70$ ℃进行。

（5）聚合机理：自由基聚合多为双基终止，即偶合终止与歧化终止。离子聚合由于具有相同电荷，故不能双基终止，且无自动加速现象。其中阳离子聚合向单体、反离子、链转移剂终止，阴离子聚合往往无终止，需添加其他试剂终止。

阴离子聚合是目前唯一能精确聚合（即可进行分子设计、能控制聚合物化学组成和微观结构）的聚合方式，能按所设计的顺序逐个增加大分子链上的不同嵌段单元，实现聚合物大分子性能与设计之间的吻合。

38. 在苯乙烯的自由基聚合、己二酸和己二胺的缩聚以及苯乙烯的活性阴离子聚合反应中，单体（或基团）转化率和聚合物分子量的关系分别相当于图（a）—（c）的哪一个图？

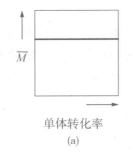

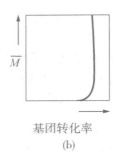

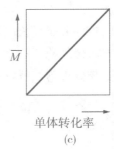

 解题思路

图（a）：苯乙烯的自由基聚合为连锁聚合，一旦引发，形成单体活性中心，就能很快传递下去，瞬间形成高分子。聚合物分子量与单体转化率没有关系，延长时间只是为了提高单体转化率。

图（b）：己二酸和己二胺的缩聚为逐步聚合，反应早期，单体很快转变成二聚体、三聚体、四聚体等中间产物，以后反应在这些低聚体之间进行，到反应后期，分子量迅速增加。

图(c)：苯乙烯的活性阴离子聚合，由于各链的增长速率相等，无链转移和终止反应，故分子量随着单体转化率呈线性增加，聚合度正比于[M]/[I]。

【参考答案】

苯乙烯的自由基聚合为图(a)，己二酸和己二胺的缩聚为图(b)，苯乙烯的活性阴离子聚合为图(c)。

第七章　配位聚合

本章重点

- 齐格勒－纳塔(Ziegler-Natta)引发剂
- 配位聚合的基本概念
- 聚合物的立体异构现象
- 丙烯的配位聚合
- 极性单体的配位聚合、共轭二烯烃的配位聚合。

典型题型分析

填空题 1—3

1. 引发剂是影响聚合物立构规整程度的关键因素，Ziegler-Natta 引发剂至少有两个组分，即由_____和_____构成。

解题思路

Ziegler-Natta 引发剂至少有两个组分，主引发剂为ⅣB～ⅧB族过渡金属化合物（为弱 Lewis 酸，属阳离子聚合引发剂），如 $TiCl_4$、$TiCl_3$、VCl_3，常用的为 $TiCl_4$、$TiCl_3$。两种卤化钛均非常活泼，在空气中吸湿后发烟、自燃，并可发生水解、醇解反应。共引发剂为ⅠA～ⅢA族有机金属化合物（阴离子聚合引发剂），如 AlR_3、LiR、MgR_2，其中 R 为烷基或环烷基，$AlEt_3$、$AlEt_2Cl$ 最为常用。AlR_3 极活泼，易水解，接触空气中的氧和潮气迅速氧化，甚至燃烧、爆炸。两种引发剂单独使用都不能使乙烯或丙烯聚合，但两者配合会发生复杂反应，成为崭新类型的配位阴离子聚合引发剂。

【参考答案】
主引发剂ⅣB～ⅧB族过渡金属化合物　共引发剂ⅠA～ⅢA族有机金属化合物。

2. 从热力学角度上看，乙烯、丙烯应该是较容易聚合的单体，但直至 Ziegler-Natta 引发剂被发现后才得以大规模的生产和应用，乙烯配位聚合的引发剂由＿＿＿＿＿＿构成，丙烯配位聚合的引发剂由＿＿＿＿＿＿构成。

解题思路

乙烯的配位聚合，因无定向而言，聚合速率是首要因素，故可选用 $TiCl_4$ 和 $Al(C_2H_5)_3$ 作引发剂。丙烯双键上多一个供电子的甲基，配位阴离子聚合活性低于乙烯。从聚合速率、等规度（IIP）、价格等指标综合考虑，丙烯的配位聚合在工业上优选 $Al(C_2H_5)_2Cl$ 作 $TiCl_3$ 的共引发剂；聚丙烯的立构规整度和聚合速率还决定于两组分的适宜配比，Al 与 Ti 的摩尔比取 1.5～2.5 时，分子量最大。对于同一过渡金属 Ti 的卤化物，定向能力顺序为：$TiCl_3(\alpha, \gamma, \delta) > TiCl_2 > TiCl_4 \approx TiCl_3(\beta)$，当以 $TiCl_3$ 为主引发剂时，烷基 Al 化合物共引发剂的影响规律如下。

（1）同一金属，烷基体积越大，定向能力越差。

$AlEt_3 > Al(n\text{-}C_3H_7)_3 > Al(n\text{-}C_4H_9)_3 \approx Al(n\text{-}C_6H_{13})_3$，IIP 值分别为 85、78、60、64。

（2）卤素的影响：卤原子半径越小，定向能力越差。

$$AlEt_2I > AlEt_2Br > AlEt_2Cl \approx AlEt_2F$$

以下是以 $TiCl_3$ 为主引发剂，$AlEt_2X$ 对丙烯聚合速率和 IIP 的影响数据。

$AlEt_2X$	相对聚合速率	IIP
$AlEt_3$	100	83
$AlEt_2F$	30	83
$AlEt_2Cl$	33	93
$AlEt_2Br$	33	95
$AlEt_2I$	9	96

对于同种引发体系，因取代基的空间位阻的影响，单体聚合活性次序如下：

$CH_2＝CH_2 > CH_2＝CHCH_3 > CH_2＝CHC_2H_5 > CH_2＝CHCH_2CH(CH_3)_2 > CH_2＝CHC(CH_3)_3$

【参考答案】

$TiCl_4$ 和 $Al(C_2H_5)_3$ $TiCl_3$ 和 $Al(C_2H_5)_2Cl$

3. 一般，Ziegler-Natta 引发剂主要用于＿＿＿＿＿＿的聚合，而 π-烯丙基镍型引发剂则主要用于＿＿＿＿＿＿聚合。

解题思路

引发剂是影响聚合物立构规整程度的关键因素，目前配位阴离子聚合的引发体系与常用引发单体类型匹配如下：Ziegler-Natta 型引发剂主要用于 α-烯烃、二烯烃、环烯烃的定向聚合。反应过程为单体 π 电子首先与亲电性反离子或金属离子空轨道配位形成 π 络合物，通过络合得到活化；π 络合物进一步形成四元环过渡态，单体插入金属－碳键完成链增长，可形成立构规整聚合物。链增长过程的本质是单体对增长链端络合物的插入反应，反应具有阴离子聚合反应性质。Ziegler-Natta 引发剂的重大意义在于：使难以用自由基聚合或离子聚合的烯类单体(乙烯、丙烯)聚合成高聚物，并且形成立构规整聚合物。反应过程示意如下：

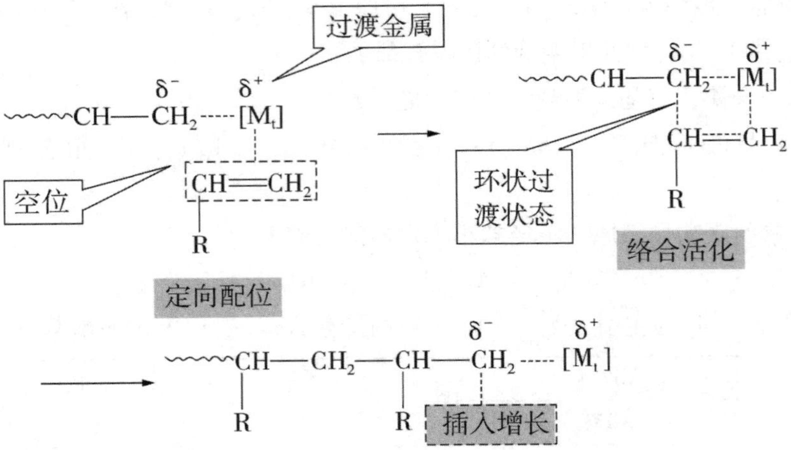

π-烯丙基镍型引发剂主要用于共轭二烯烃如丁二烯的顺式1,4－和反式1,4－聚合，不能使 α-烯烃聚合。烷基锂型引发剂则主要用于在均相溶液中引发共轭二烯烃和极性单体的定向聚合。

【参考答案】

α-烯烃　共轭二烯烃

选择题 4—5

4. 衡量配位聚合引发体系的主要指标是(　　)。

A. 分子量分布和等规度　　B. 溶解性和分子量大小

C. 溶解性和分子量分布　　D. 聚合活性和等规度

5. Ziegler-Natta 引发剂引发丙烯聚合时，加入含有 N、P、O、S 的物质后，可以（　　　　）。

　　A. 提高引发剂的溶性　　　　　　　　B. 提高聚合物的立构规整度

　　C. 既提高引发剂的活性又能提高聚合物的立构规整度

解题思路

衡量定向聚合引发剂性能的主要指标是：（1）产物的立构规整度即等规度（IIP），表示引发剂的定向能力；（2）聚合活性即引发活性，可以用产量表示，g（产物）/g（Ti）。Ziegler-Natta 引发剂由第一代两组分的 Z-N 引发剂［聚合活性为 500 ～ 1000 g（PP）/g（Ti）］发展为加入第三组分（供电子试剂）含 N、P、O、S 的化合物的体系，这样引发剂的定向能力和聚合速率均得到提高，引发剂活性提高到 5×10^4。通过使用 $MgCl_2$、$Mg(OH)Cl$ 载体，引发剂活性可达到 6×10^5 或更高。

【参考答案】

选择题 4：D

选择题 5：C

填空题 6—7、简答题 8

6. 聚合物的立体异构现象可分为＿＿＿＿＿＿＿及＿＿＿＿＿＿＿两类。

7. 异戊二烯进行配位聚合反应，可有三种聚合方式：＿＿＿＿＿＿＿；分别可获得的立构规整聚合物包括：＿＿＿＿＿＿＿。

8. 丙烯、丁二烯均能进行配位聚合，所形成的聚合物是否存在立体异构现象？如有，可形成哪些立构规整的聚合物？所生成的这些立构规整聚合物是否具有旋光活性？

解题思路

聚丙烯为聚 α-烯烃的代表，大分子链上含有多个手性碳原子（C^*），该 C^* 上连有 H、R 和两个长度不等的碳氢链段，但对旋光活性的影响甚微，并不显示光学活性，为假手性中心。

每个假手性中心 C^* 都是立体构型点，假设将 C—C 主链拉直成锯齿形，若取代基处于平面的同侧，或相邻手性中心的构型相同，则这样的聚合物为全同立构聚合物，如等规聚丙烯；若取代基交替地处在平面的两侧，或相邻手性中心的构型相反并交替排列，则这样的聚合物为间同立构聚合物，如间规聚丙烯；若取代基在平面的两侧，或手性中心的构型呈无规则排列，则为无规聚合物，如无规聚丙烯。结构示意图如下：

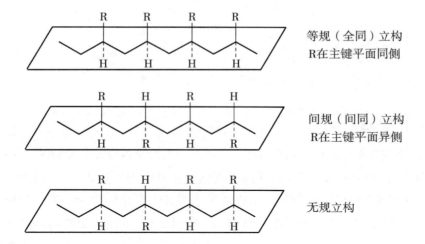

等规（全同）立构
R在主键平面同侧

间规（间同）立构
R在主键平面异侧

无规立构

丁二烯聚合可以1,4 – 或1,2 – 加成，1,4 – 加成可有顺、反两种异构体，结构示意图如下：

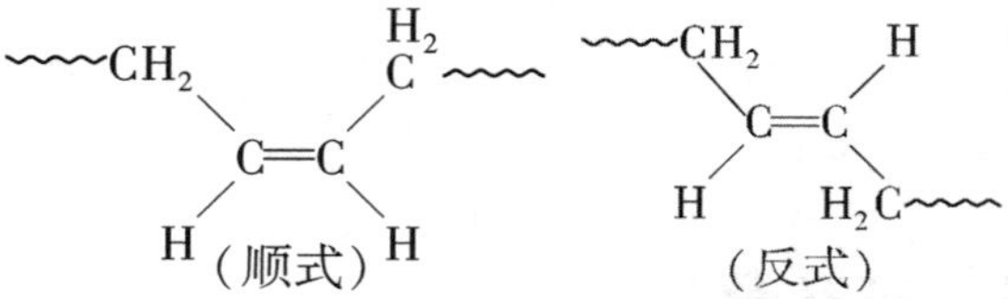

（顺式）　　　　（反式）

1,2 – 加成所得的立构结构与丙烯相同，分为全同、间同和无规，全同和间同的结构示意图如下：

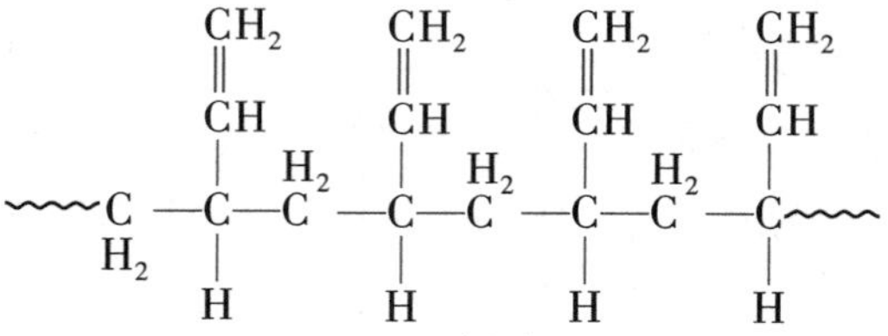

（全同）

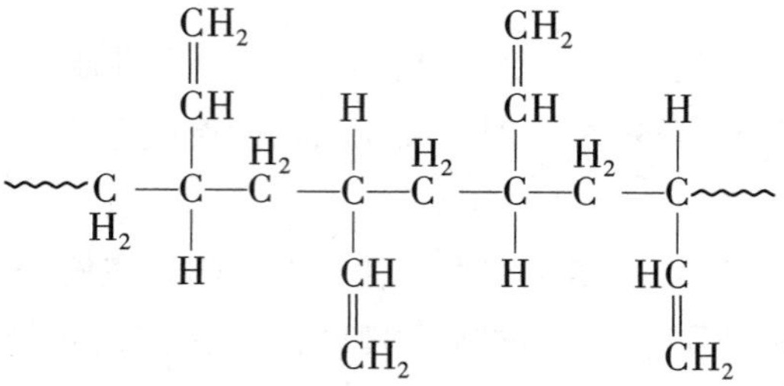

（间同）

立构规整性对聚合物的结晶能力、密度、熔点（T_m）、玻璃化温度（T_g）、弹性、力学性能均有影响。全同等规聚丙烯（PP）具有高度的结晶性，无规立构 PP 为橡胶状黏性物质。全同和间同聚二烯烃是熔点较高的塑料，顺式1,4 – 聚丁二烯、顺式1,4 – 聚异

戊二烯都是 T_g、T_m 较低，不易结晶、高弹性的橡胶；而反式1,4 - 聚丁二烯、反式1,4 - 聚异戊二烯都是 T_g、T_m 较高，易结晶、弹性较差、硬度大的塑料。

【参考答案】

填空题6：光学异构　几何异构

填空题7：1,2 - 聚合、1,4 - 聚合和3,4 - 聚合　全同1,2 - 聚异戊二烯、间同1,2 - 聚异戊二烯；顺式1,4 - 聚异戊二烯、反式1,4 - 聚异戊二烯；全同3,4 - 聚异戊二烯、间同3,4 - 聚异戊二烯。

判断题9

9. 一种等规度不高的聚丙烯可通过改变构象的办法提高它的等规度。　　（　　　）

 解题思路

本题旨在区分构型和构象两个完全不同的概念。构型是对分子中最邻近原子间位置的表征（如全同立构、间同立构、无规立构），也可以说，构型是分子中由化学键所固定的原子在空间的几何排列。这种排列是稳定的，要改变构型就必须经过化学键的断裂和重组。构象是由于单键内旋转而产生的分子在空间的不同形态（比如伸直链，折叠链）。由于热运动，分子的构象时刻改变着，所以高分子链的构象是统计性的。因此等规度不高的聚丙烯无法通过改变构象来提高等规度。

【参考答案】

×

填空题10—11

10. 聚合物的立构规整度可由_____等波谱直接测定，也可由_____等物理性质间接表征。

11. 立构规整性聚合物的结晶度和密度一般_____相应的无规聚合物。

 解题思路

立构规整度（IIP）是立构规整聚合物占聚合物产物的分率，可用于评价引发剂的定向能力，由红外光谱、核磁共振等波谱直接测定，也可由结晶度、密度等物理性质间接表征。

聚丙烯的 IIP 可由红外光谱的特征吸收谱带测定（如下图）。波数为 975 cm^{-1} 处是全同螺旋链段的特征吸收峰，而 1460 cm^{-1} 处是与—CH$_3$ 基团振动有关的峰，对结构不敏感，选作参比吸收峰，取两吸收强度（或峰面积）之比乘以仪器常数 k 即为等规度。间规度可以波数 975 cm^{-1} 处的特征峰面积来计算。

$$IIP = k \times A_{975}/A_{1460}$$

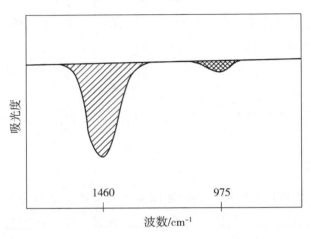

对于聚二烯烃，常用顺式 1,4 -、反式 1,4 -、全同 1,2 -、间同 1,2 - 等的百分数来表征立构规整度。根据红外光谱特征吸收峰的位置和核磁共振氢谱的化学位移（δ）可以定性测定各种立构的存在，根据各特征吸收峰面积的积分则可定量计算这 4 种立构规整度的比值。

结晶度为结晶聚合物所占的比例，表示大分子链之间的聚集态，以许多大分子链为考察对象。立构规整性聚合物的结晶度和密度一般高于相应的无规聚合物，以下列出了不同结构的聚乙烯、立构聚丙烯、聚丁二烯的密度和熔点性能数据。

几种聚合物的密度、熔点数据

聚烯烃	密度/$(g \cdot cm^{-3})$	熔点/℃	聚二烯烃	密度/$(g \cdot cm^{-3})$	熔点/℃
低密度聚乙烯	$0.91 \sim 0.93$	$105 \sim 110$	顺式 1,4 - 聚丁二烯	1.01	2
高密度聚乙烯	$0.94 \sim 0.96$	$120 \sim 130$	反式 1,4 - 聚丁二烯	0.97	146
无规聚丙烯	0.85	75	全同 1,2 - 聚丁二烯	0.96	126
全同聚丙烯	0.92	175	间同 1,2 - 聚丁二烯	0.96	156

【参考答案】

填空题 10：红外光谱、核磁共振　结晶度、密度

填空题 11：高于

选择题 12—13、判断题 14—15

12. 下列聚合物可表现出光学活性的是（　　　）。

A. 全同聚丙烯　　　　　　　　　B. 全同聚苯乙烯

C. 全同聚环氧乙烷　　　　　　　D. 全同聚环氧丙烷

13. 以下聚合物均由配位聚合制得，但其中不涉及立体异构的是（　　　）。

A. 高密度聚乙烯　　　　　　　　B. 全同聚丙烯

C. 顺式1,4－聚丁二烯　　　　　　D. 反式1,4－聚丁二烯

14. 采用配位聚合法或定向聚合法制备聚合物，得到的都是易结晶的结构规整性聚合物。　　　　　　　　　　　　　　　　　　　　　　　　　　（　　　）

15. 乙丙橡胶可采用配位聚合法制备，属于定向聚合。　　　　　　（　　　）

解题思路

高分子化合物比低分子化合物的异构更具多样性，除结构异构外，还有立体异构，且会对聚合物的性能造成显著的影响。环氧丙烷分子本身含有手性碳原子，聚合后手性碳原子仍留在大分子中，连有四个不相同的基团，属于真正的手性中心，可以显示旋光性。乙烯的配位聚合无定向而言，α-烯烃的配位聚合涉及立体异构，通常有等规立构、间规立构和无规立构三种；二烯烃的配位聚合涉及光学异构及几何异构两种；聚乙烯不涉及立体异构。

Ziegler-Natta 引发剂是过渡金属化合物－有机金属化合物的络合体系，单体配位而后插入聚合，呈定向结构。配位聚合也有"络合聚合""插入聚合""定向聚合"等不同名称。配位聚合和络合聚合是同义词；定向聚合和立构规整聚合是同义词。但通过配位聚合可获得立构规整聚合物，也可获得无规聚合物（例如乙丙橡胶），因为是无规共聚物，则不能称之为定向聚合了。立构规整聚合物易结晶，但不一定结晶，如高顺式1,4－丁二烯。易结晶、结构规整的聚合物不一定立构规整，如聚乙烯、聚四氟乙烯、聚偏氟乙烯等。

【参考答案】

选择题 12：D

选择题 13：A

判断题 14：×

判断题 15：×

简答题 16—18

16. 自由基聚合生产的聚乙烯与配位聚合生产的聚乙烯在结构与性能上的主要区别是什么？为什么有此区别？

 解题思路

聚乙烯是由乙烯聚合而成的一种热塑性树脂，全球产量居五大通用树脂之首。聚乙烯的性质主要取决于分子结构和密度。采用不同的生产方法可得到不同密度的产物。自由基聚合的高压法是最成熟的聚乙烯树脂生产技术方法，而采用高活性的配位催化剂，在较低反应温度和压力下的配位聚合，现已逐渐被采用。聚乙烯根据聚合方法、分子量高低、链结构之不同分为低压高密度聚乙烯和高压低密度聚乙烯。

乙烯的自由基聚合：1938—1939 年英国 ICI 公司在高温（180～200℃）、高压（150～300 MPa）的苛刻条件下，以氧气为引发剂，按自由基聚合机理聚合得到的产物被称为高压低密度聚乙烯（LDPE）。由于在聚合过程中易发生向大分子转移支化，故产物呈支化结构，分子链堆砌不紧密，从而导致产物的结晶度低、熔点低、密度低、力学强度低。

乙烯的配位聚合：1953 年德国化学家齐格勒（K. Ziegler）以 $TiCl_4 - Al(C_2H_5)_3$ 作引发剂，在低温（60～90℃）、低压（0.2～1.5 MPa）的温和条件下，合成得到的产物被称为低压高密度聚乙烯（HDPE）。由于配位聚合定向能力好，所得聚乙烯分子链线形结构好，少支链、结构规整，故所得聚乙烯的结晶度高、熔点和密度高、力学强度高。

17. 丙烯进行自由基聚合、阳离子聚合及配位阴离子聚合，能否形成高分子量聚合物？请简述其原因。

 解题思路

自由基聚合：由于丙烯上带有供电子基（—CH₃），使 C=C 上的电子云密度增加，不利于自由基的进攻，故很难发生自由基聚合。即使能被自由基进攻，也会很快发生链转移，形成稳定的烯丙基自由基，不能再引发聚合。

阳离子聚合：由于丙烯上只带有一个供电子的甲基，供电性不足，对阳离子或质子的亲和力弱，故聚合速率低。接受质子后的二级碳阳离子易发生重排和链转移，故丙烯的阳离子聚合至多只能得到低分子油状物。

配位聚合：在 $\alpha\text{-TiCl}_3$ 和 $AlEt_2Cl$ 的作用下丙烯与活性中心先配位，形成较为稳定的四元环结构，再插入聚合，具有阴离子聚合反应的性质，在适宜的条件下可形成高分子量结晶性全同聚丙烯。由于丙烯的活性低于乙烯，因此能使丙烯聚合的引发剂一般都能使乙烯聚合，但能使乙烯聚合的引发剂未必能使丙烯聚合。

18. 简述茂金属引发剂的基本组成、结构类型、提高活性的途径和应用方向。

 解题思路

1951 年米勒（Miller）和葆森（Pauson）等首次发现茂金属——二茂铁与烷基铝对乙烯有聚合活性。1980 年卡明斯基（Kaminsky）发现用二氯二茂锆（Cp_2ZrCl_2）作主引发剂，甲基铝氧烷（MAO）作助引发剂，对乙烯有超高聚合活性。

茂金属–铝氧烷引发体系由茂金属引发剂和铝氧烷共引发剂构成，茂金属引发剂是由五元环的环戊二烯基（简称茂）、ⅣB 族过渡金属（锆、钛、铪）、非茂配位构成的过渡金属有机络合物组成，如二氯茂钛（Cp_2TiCl_2）等。茂金属引发剂有普通结构、桥链结构和限定几何构型配位体结构三种。

单独的茂金属引发剂对烯烃聚合基本没有活性，须加甲基铝氧烷作共引发剂。茂金属引发体系具有活性中心单一、催化活性超高等特点，由其引发所得产物具有相对分子质量分布窄、共聚单体在主链中分布均匀的特点。

茂金属引发体系在工业上被用于生产线形低密度聚乙烯、高密度聚乙烯、等规聚丙烯、间规聚丙烯、间规聚苯乙烯等，其应用和革新对 21 世纪聚烯烃工业产生或正在产生着极大的影响。

第八章　开环聚合

本章重点

- 开环聚合的概念、热力学和动力学特征
- 常见的可进行开环聚合的单体及其聚合物

典型题型分析

选择题 1—2

1. 碳－碳正常键角为 $109°28'$，三、四元环键角偏离正常键角（　　），环张力大而不稳定。

A. 大 　　　　　　 B. 小 　　　　　　 C. 相同 　　　　　　 D. 接近

 解题思路

环状单体能否开环聚合及其聚合能力的大小，取决于热力学及动力学因素。

从热力学角度分析，这取决于反应过程中的吉布斯自由能变化 ΔG：$\Delta G = \Delta H - T\Delta S$，它与焓变 ΔH 及熵变 ΔS 的值有关，而 ΔH 的大小与环的张力相关。环状化合物的张力以内能形式贮存在环内。开环时，张力消除或降低，内能减少，释出聚合热，ΔH 为负值。环张力越大，ΔH 越负。ΔG 越趋向于负值，聚合倾向也越大。

张力分为由键角变形引起的键角张力、由非键合原子之间的相互作用力引起的构象张力两种。三、四元环烷烃的键角（分别为 $60°$、$90°$）偏离正常键角（$109°28'$）很大，环张力主要由键角张力引起，环张力大，不稳定，从热力学的角度而言容易发生开环聚合。五、七元环烷烃因邻近氢原子的相斥，会引起一定的扭转应力，带有一些构象张力。八元以上的环烷烃则带有由环内氢或其他处于拥挤状态的基团所造成的斥力引起的构象张力；十一元以上的环烷烃，构象张力消失。除环己烷外，其余环烷烃的开环聚

126

合的 ΔG 均小于 0，开环反应在热力学上都是可行的。环烷烃在热力学上发生开环聚合的难易程度为：三、四元环烷烃＞八元环烷烃＞五、七元环烷烃。但环烷烃的键极性小，不易受引发活性种进攻而开环。全碳环烷烃聚合能力较低，只有环张力很大的环丙烷和环丁烷可以开环聚合，通常只能得到低聚物。杂环化合物中的杂原子易受引发活性种进攻并开环，在动力学上比环烷烃更容易发生开环聚合。

【参考答案】

A

2. 通过（   ）的阴离子开环聚合可以得到高分子量的聚合物。

A. 环氧丙烷　　　　B. 环氧乙烷　　　　　C. 四氢呋喃　　　　D. 三氧六环

 解题思路

　　环氧乙烷、环氧丙烷、四氢呋喃均为环醚，是 Lewis 碱，分子中极性的 C—O 键是其活性基，富电子的氧原子易受阳离子进攻，一般能进行阳离子开环聚合，如环张力小的五元环四氢呋喃、六元环三氧六环均能进行阳离子开环聚合，但其碳原子难受阴离子的进攻，很难进行阴离子开环聚合。环氧乙烷为三元环氧化物，环张力大，其缺电子的碳原子易受阴离子的进攻，可进行阴离子开环聚合得到高分子量的聚合物；且环氧乙烷为高活性单体，低活性的 CH_3ONa 能引发其聚合。三元环醚环氧乙烷在酸、碱甚至中性条件下均可发生 C—O 键的断裂而开环，但由于阳离子聚合通常易引起链转移副反应，故工业上多倾向于采用阴离子聚合，而非阳离子聚合。环氧丙烷进行阴离子开环聚合只能得到低分子量的聚合物。环醚发生开环聚合的活性次序为：环氧乙烷＞丁氧烷＞四氢呋喃＞七元环醚，六元的四氢吡喃不能开环聚合。

　　甲醛中的羰基 C＝O 双键具有极性，易受 Lewis 酸如 $[H^+(BF_3OH)^-]$ 引发进行阳离子聚合，生成含有—CH_2O—基团的环状化合物，被称为环缩醛。含有三个甲醛基团—CH_2O—的环缩醛，即为甲醛的三聚体（三氧六环），可发生阳离子开环聚合而形成聚甲醛。六元的二氧六环不能开环聚合。

【参考答案】

B

判断题 3—5

3. 环氧丙烷与环氧乙烷都含有不稳定的三元环，都能通过阴离子开环聚合得到高分子量的聚合物。　　　　　　　　　　　　　　　　　　　　　　　　　　　　　（　　）

解题思路

环氧丙烷在聚合反应过程中会发生向单体的链转移反应，其甲基上的氢原子被夺取而转移（反应式如下），转移后形成的单体活性种很快转变成烯丙醇钠离子对，可继续引发聚合，但会使分子量降低，通常只能得到相对分子质量较低的聚合物（低于6000）。以 CH_3ONa 为引发剂，在70℃和93℃下环氧丙烷的 C_M 分别为0.013和0.027，比一般单体的 $10^{-5} \sim 10^{-4}$ 大 $2 \sim 3$ 个数量级。

$$\sim\sim\sim CH_2-\overset{\overset{\displaystyle CH_3}{|}}{CH}-O^- \, Na^+ + CH_3-\overset{\overset{\displaystyle O}{\diagup\diagdown}}{CH-CH_2} \longrightarrow \sim\sim\sim CH_2-\overset{\overset{\displaystyle CH_3}{|}}{CH}-OH + H_2C-\overset{\overset{\displaystyle O}{\diagup\diagdown}}{CH-CH_2}{}^- Na^+$$

$$\downarrow$$

$$H_2C{=}CH{-}CH_2O^-{-}Na^+$$

【参考答案】

×

4. 四氢呋喃不能开环聚合是因为它是稳定的五元环。　　　　　　　　（　　）

5. 六元环一般都非常稳定，因此，环己烷、苯、六甲基环三硅氧烷、己内酰胺等六元环都不能发生开环聚合。　　　　　　　　（　　）

 解题思路

五、六元环张力小，难开环，如环己烷、苯，但杂原子的引入易引起 ΔG 的正负变化，以及键能、键角、环张力的变化，且杂环化合物中的杂原子易受引发活性种进攻而开环。大多数杂环化合物如环醚、环缩醛、环有机硅氧烷等都具有亲电中心，在强质子酸、Lewis 酸（$AlCl_3$、$AlBr_3$、$TiCl_4$、$SbCl_5$）、碳阳离子源/Lewis 酸复合体系等阳离子引发下可开环聚合。阳离子开环聚合的活性种常为氧鎓离子、硅正离子等，其稳定性远大于碳正离子。四氢呋喃为五元环醚，具有阳离子开环活性。己内酰胺为七元环内酰胺，六甲基环三硅氧烷为六元环硅氧烷，两者既可发生阳离子开环，又可发生阴离子开环。

【参考答案】

判断题4：×

判断题5：×

计算题6

6. 在70℃下用甲醇钠引发环氧丙烷聚合，环氧丙烷和甲醇钠的浓度分别为 $0.8\ mol/L$ 和 $2.0 \times 10^{-4}\ mol/L$，有链转移反应，试计算转化率为80%时聚合物的数均分子量。$C_M = 0.013$。

解题思路

本题主要考查环氧丙烷在有单体转移的情况下聚合度 $(\overline{X_n})$ 的计算方法，熟练掌握了公式 $\dfrac{1}{\overline{X_n}} = \dfrac{1}{(\overline{X_n})_0} + \dfrac{C_M}{1+C_M}$，即可很容易求出结果。

其中 $(\overline{X_n})_0$ 可由已转化的环氧丙烷摩尔数 (Δm) 和甲醇钠摩尔数 $[N]_0$ 计算出：

$$(\overline{X_n})_0 = \Delta m / [N]_0 = 0.64/(2.0 \times 10^{-4}) = 3.2 \times 10^3$$

再代入上式：$\overline{X_n} = 76$。

环氧丙烷结构单元的相对分子质量为58，即 $M_0 = 58$，由此得到数均分子量 $\overline{M_n} = 4408$。

简答题 7—9

7. 开环聚合所得聚合物的重复单元与其单体的组成相同，试举2组例来说明。

解题思路

开环聚合是环状单体在引发剂和助引发剂的作用下转变成线形大分子聚合物的反应。聚合物的重复单元与环状单体的组成相同，属于杂链高分子。开环聚合一般是在较温和的条件下进行，副反应比缩聚反应少，也不存在等当量配比的问题，易于得到高分子量聚合物。也不存在烯类单体加成聚合放热剧烈且易爆聚的问题。开环聚合多数按连锁离子型聚合机理，包括链引发、链增长和链终止等基元反应。反应通式如下：

$$n\text{R—X} \longrightarrow \text{—}\!\!\left[\text{R—X}\right]\!\!_n$$

以下为四氢呋喃、三氧六环的开环反应。

（1）四氢呋喃为五元环醚，张力小，活性低，对引发剂和单体纯度要求高，可被 PF_5、SbF_5 等引发，具有阳离子开环活性。四氢呋喃先与 PF_5 形成 Lewis 酸络合物再被引发聚合。在30℃下聚合5h，产物聚四氢呋喃(也称聚四亚甲基氧化物)的相对分子质量可达30万，其结晶熔点为45℃，为不溶于脂肪烃和水的白色蜡状固体。在室温下，聚四氢呋喃具有吸水性，其吸水性取决于分子量的大小，最多可吸收2%的水分。聚四氢呋喃主要用作嵌段聚氨酯或嵌段聚醚聚酯的软链段。由平均相对分子质量为1000的聚四氢呋喃制得的嵌段聚氨酯橡胶，可用于制作轮胎、传动带、垫圈等；也可用于制作涂料、人造革、薄膜等，制得的嵌段聚醚聚酯为热塑性弹性体。平均相对分子质量为2000的聚四氢呋喃，可用于制备聚氨酯弹性纤维。四氢呋喃的聚合反应式如下：

$$\text{（结构式）} \xrightarrow{PF_5,\ THF} \left[OCH_2CH_2CH_2CH_2\right]_n$$

聚甲醛（POM）又名缩醛树脂、聚氧化亚甲基、聚缩醛，是热塑性高结晶性高分子聚合物，被誉为"超钢"或者"赛钢"。1955年前后，美国杜邦公司由甲醛聚合得到甲醛的均聚物，熔融温度为180℃左右，具有高的力学性能，如强度、模量、耐磨性、韧性、耐疲劳性和抗蠕变性，还具有优良的电绝缘性、耐溶剂性和可加工性，是五大通用工程塑料之一。与聚乙烯相比，由于C—O键比C—C键更短，所以分子链堆积得更紧密，内聚能密度更高，聚甲醛链轴方向的填充密度更大，熔点更高。聚合物主要是线形，没有侧链，相对分子质量在2.0×10^4到1.1×10^5之间。由于甲醛精制困难，故通常先将其预聚成三聚甲醛，也就是三氧六环，再通过三氧六环的阳离子开环聚合成聚甲醛。典型的$BF_3 \cdot H_2O$阳离子引发剂即可引发三氧六环开环聚合，聚合反应式如下：

$$\text{（结构式）} \xrightarrow{BF_3 \cdot H_2O} \left[CH_2O\right]_n$$

聚甲醛有显著的解聚倾向，受热时往往从末端开始连锁解聚，释放出甲醛，其热稳定性可通过端羟基与醋酸酐的乙酰化封端来提高；另一个方法是与第二单体如环氧乙烷等共聚，在主链中引入—CH_2CH_2O—链节，以阻断解聚。

8. 八甲基四硅氧烷为什么容易开环聚合？

解题思路

聚硅氧烷俗称有机硅，主链由Si—O键构成，是一种有机-无机高分子聚合物。聚二甲基硅氧烷是其中的重要代表，其硅上连有两个甲基，分子链内旋转容易，玻璃化温度一般为-125℃左右，结晶温度一般在-40℃左右，耐高、低温性好。交联的聚硅氧烷即为硅橡胶，常温下硅橡胶的强度虽然仅是天然橡胶或某些合成橡胶的一半，但在200℃以上的高温环境下，硅橡胶仍能保持一定的柔韧性、回弹性和表面硬度，且力学性能无明显变化；在-50℃的低温下，其物理机械性能优于通用橡胶。工业上通常先将二甲基二氯硅烷（含量为99.5%以上）在酸催化下进行水解缩合得到硅氧烷四聚体，即八甲基环四硅氧烷（D4），然后再使D4在催化剂作用下开环聚合成不同聚合度的线形聚二甲基硅氧烷。低分子量的常用作硅油，高分子量的在交联后作硅橡胶等。

D4 是无色透明或乳白色液体，可燃，无异味，是有机硅行业的重要中间体。D4 为八元环，ΔH 接近于 0，但开环熵变 ΔS 较正，成为开环推动力。另外其 Si—O 键较长，容易极化，在强碱如 KOH 或强酸如 H_2SO_4 的催化下都可开环聚合，但工业上常用 KOH、金属钠、钾以及萘钾等阴离子引发开环聚合。D4 的硅原子在氢氧化物的 OH^- 阴离子进攻下，电子云密度重新分布，导致 Si—O—Si 键断裂，开环生成 $[HO(Me_2SiO)_3Me_2SiO^-]$ 活性中心，该硅氧阴离子活性种进一步进攻其他的 D4 单体，逐步增长成为高分子量的线形聚二甲基硅氧烷。一般加 $(CH_3)_3Si—O—Si(CH_3)_3$ 作为封端剂，以控制分子量。开环聚合反应式如下：

9. 己内酰胺为什么可以进行阳离子、阴离子开环聚合？其用水开环聚合的机理是什么？

解题思路

含氮杂环单体主要是内酰胺，如七元杂环的己内酰胺、三元杂环的环亚胺。内酰胺从三、四元环到五、六元环都可开环，聚合活性与环的大小有关，次序大致为：三、四元环 ＞ 五元环 ＞ 七元环 ＞ 八、六元环。己内酰胺为七元杂环，有一定的环张力，在热力学上有开环倾向，可进行阳离子、阴离子或水中开环聚合。用水引发的开环聚合为水解聚合，属逐步聚合反应机理，最终产物中线形聚合物与环状单体并存，其中环状单体占 8% ～ 10%。将己内酰胺单体和 1% ～ 10% 的水过热到 250 ～ 270 ℃，经 12 ～ 24 h，制得聚酰胺 6（尼龙 6），该方法在工业上应用广泛。

水引发开环聚合时，存在以下三种主要的平衡反应。

（1）己内酰胺水解为氨基己酸。

（2）氨基己酸的分子间自缩聚。

$$\sim\sim\sim COOH + H_2N\sim\sim\sim \rightleftharpoons \sim\sim\sim COHN\sim\sim\sim + H_2O$$

（3）末端氨基氮原子向己内酰胺单体的羰基进攻，使己内酰胺开环，生成长链分子。

$$HOOC(CH_2)_5NH_2 + (CH_2)_5-NH \rightleftharpoons HOOC(CH_2)_5NHOC(CH_2)_5NH_2$$

$$\sim\sim\sim NH_2 + (CH_2)_5-NH \rightleftharpoons \sim\sim\sim NHOC(CH_2)_5NH_2$$

开环增长（3）的速率较氨基酸自缩聚（2）的速率高一个数量级以上，因此主要由开环聚合（3）形成聚合物，氨基酸自缩聚只占总聚合反应的百分之几。

聚酰胺 6 为半透明或不透明的乳白色结晶形聚合物，熔点为 $210 \sim 220$ ℃，可用作工程塑料以制造轴承、圆齿轮、凸轮、伞齿轮等。为了提高尼龙 6（PA6）的机械特性，经常会加入玻璃纤维，PA6 的收缩率在 $1.0\% \sim 1.5\%$ 之间，加入玻璃纤维后可以使收缩率降低到 0.3%，使其具有良好的尺寸稳定性及低翘曲性、焊锡性等。

简答题 10

10. 写出聚环氧乙烷、聚甲醛、聚二甲基硅氧烷、聚己内酰胺四种聚合物的单体分子式、聚合反应式。

解题思路

聚合物	单体分子式	常用聚合反应式
聚环氧乙烷	CH_2-CH_2 环氧	$CH_2-CH_2 \rightarrow \{CH_2CH_2O\}_n$
聚甲醛	三聚甲醛环	三聚甲醛环 $\xrightarrow{BF_3 \cdot H_2O} \{CH_2O\}_n$
聚二甲基硅氧烷	环硅氧烷	环硅氧烷 $\rightarrow \{Si-O\}_n$
聚己内酰胺	己内酰胺环	$n\,NH(CH_2)_5C=O \rightleftharpoons \{NH(CH_2)_5CO\}_n$

第九章 聚合物的化学反应

本章重点

- 聚合物基团反应的特点以及影响因素
- 聚合物的相似转变
- 接枝和嵌段、交联
- 降解和老化

典型题型分析

填空题 1—2

1. 聚乙烯、聚氯乙烯的氯化属于聚合物的 _____，主链基本不变化，但使分子链结构规整性降低。

2. 聚苯乙烯进行磺化制备阳离子交换树脂或氯甲基化制备阴离子交换树脂时，由于发生的是聚合物相似转变反应，聚苯乙烯聚合度 _____。

解题思路

聚合物也可发生化学反应，根据聚合物基团反应、聚合度的变化，分为相似转变和聚合度根本改变两类，其中聚合度根本改变又分为聚合度增加和聚合度降低。聚合度增加的反应包括接枝、嵌段和交联，聚合度降低指降解。基团反应时聚合度和总体结构变化较小。

聚烯烃、聚氯乙烯均可氯化，氯化过程中聚合度和主链结构变化较小，为相似转变。聚乙烯经氯化取代反应制得氯化聚乙烯，释放出 HCl，属于自由基连锁机理，若同时加入氯和二氧化硫，则形成氯磺化聚乙烯，两者的反应式如下：

$$\sim\sim CH_2CH_2 \sim\sim \xrightarrow[-HCl]{Cl_2} \sim\sim CH_2CH{-}CH_2CH_2 \sim\sim$$
$$\underset{Cl}{|}$$

$$\sim\sim CH_2CH_2 \sim\sim \xrightarrow[-HCl]{Cl_2,\ SO_2} \sim\sim CH_2CH{-}CH_2CH_2 \sim\sim$$
$$\underset{SO_2Cl}{|}$$

氯化聚乙烯的氯含量可高达 70%，氯含量低时其性能与聚乙烯相近，但氯含量为 30%～40%时，其分子链结构规整性降低，不易结晶，变成弹性体；氯含量高于 40%时，则其刚性增加，变硬。氯磺化聚乙烯是弹性体，在 −50℃下仍保持较好的柔性，引入的磺酰氯基团可供金属氧化物如氧化铅进行交联，交联反应式如下：

$$\sim\sim CH_2CH \sim\sim \xrightarrow{PbO,\ H_2O} \sim\sim CH_2CH \sim\sim$$

聚苯乙烯中的苯环可以进行系列取代反应，如烷基化、磺化、氯甲基化、硝化等。苯乙烯和二乙烯苯交联剂聚合得到的聚苯乙烯机械强度高，热稳定、化学稳定性好。在浓硫酸中加热，聚苯乙烯中苯环上的部分 H 被磺酸基团—SO_3H 取代，从而具有强酸性，即为强酸性阳离子交换树脂。其 H^+ 可与溶液中的 Na^+、Mg^{2+} 等阳离子进行交换，用强酸如 HCl 进行再生处理，树脂放出被吸附的阳离子，再与 H^+ 结合而恢复成原来的组成。聚苯乙烯与氯代二甲基醚反应可引入氯甲基，进一步引入季铵碱性基团，即为阴离子交换树脂，其在水中离解出 OH^- 而呈强碱性。这种树脂的正电荷基团能与溶液中的阴离子吸附结合，从而产生阴离子交换作用，用强碱(如 NaOH)可再生。反应过程示意图如下：

【参考答案】

填空题1：相似转变

填空题2：基本不变

填空题3—4，选择题5

3. 影响大分子化学反应的化学因素有 ＿＿＿＿＿＿＿＿＿＿效应和＿＿＿＿＿＿＿＿效应。

4. 由聚醋酸乙烯酯醇解成聚乙烯醇，醇解前后聚合度几乎不变，这是典型的聚合物＿＿＿＿＿＿反应；所生成的聚乙烯醇进一步与甲醛反应，由于＿＿＿＿＿＿效应的存在，缩醛化的程度只能达到80%左右，尚有少数孤立羟基存在。

5. 聚氯乙烯与锌粉共热脱氯成环，其环化程度只有86.5%，这是由于（　　　）引起的。

A. 邻近基团效应　　B. 大分子的活性　　　C. 几率效应　　　　D. 静电效应

解题思路

功能基孤立化效应（几率效应）：当聚合物相邻侧基进行无规则成对反应时，中间会产生孤立的单个功能基，使得最高转化率受到限制，最多只能达到约80%，如聚乙烯醇缩醛化反应。

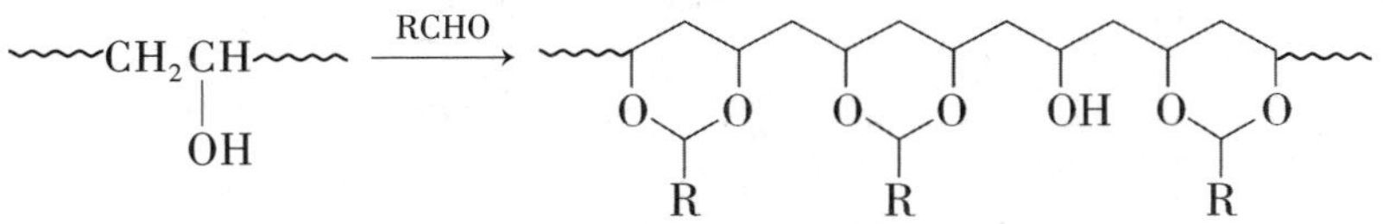

邻近基团效应：聚合物中原有的基团或反应后形成的新基团的位阻作用、成环作用以及试剂的静电作用，均可能影响到邻近基团的活性和基团的转化程度；包括位阻效应、成环效应和静电效应。

位阻效应：由于新生成功能基团的立体阻碍，导致其邻近功能基团难以继续参与反应，化学反应活性降低，基团转化程度受限，体积较大基团的位阻效应更明显，如聚乙烯醇的三苯乙酰化反应，新形成的三苯乙酰基会阻碍邻近羟基反应的进行，反应式如下。

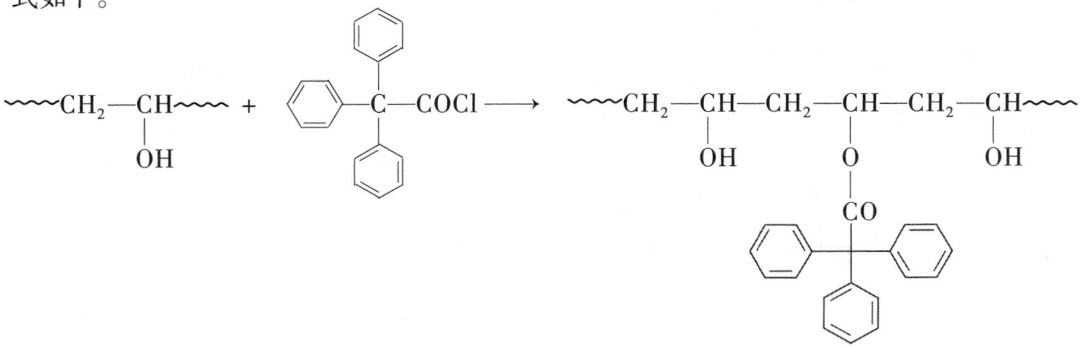

静电效应：不带电荷的基团转变成带电荷的基团，往往随转化程度增加而对反应速率造成较大影响。带电荷的大分子与电荷相反的试剂反应，则加速，与电荷相同的试剂反应，则减速，转化率低于 100%。在酸催化下，聚丙烯酰胺可水解成聚丙烯酸，初期水解速率与小分子丙烯酰胺的水解速率相同，但反应进行后，水解速率自动加速到初期的几千倍，这是因为水解产生的—COOH 与邻近酰胺基中的羰基静电相吸，形成过渡六元环，有利于酰胺中的—NH_2 脱除而迅速水解。

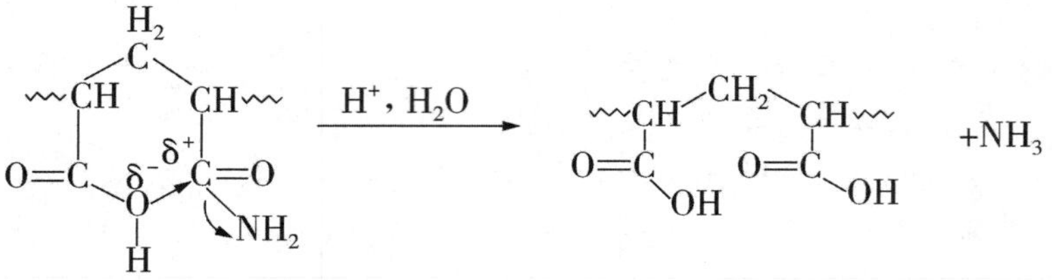

成环效应：凡邻近基团有利于形成五、六元环中间体的，则有加速作用。丙烯酸与甲基丙烯酸对硝基苯酯共聚物在碱作用下的水解，有自动加速效应，归因于羧基阴离子形成后，易与相邻酯基形成六元环酐，再开环成羧基，并非是在 OH^- 作用下直接水解。反应过程表示如下：

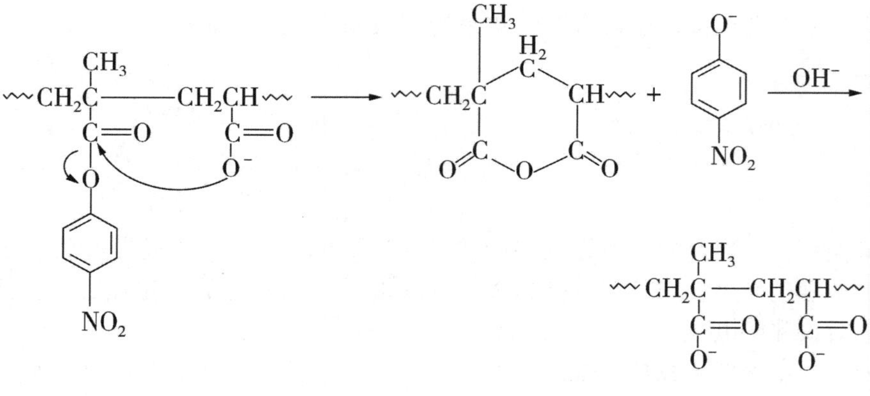

【参考答案】

填空题 3：几率（官能团的孤立化）　邻近基团

填空题 4：相似转变　几率

选择题 5：C

填空题 6

6. 聚丙烯酰胺在碱性溶液中的水解速率逐渐降低，由于 _____ 效应，水解程度通常在 70% 以下。

解题思路

　　聚丙烯酰胺在碱性溶液中水解，随着水解的进行，相邻基团带上负电荷。由于同种电荷相排斥，OH^-离子无法接近，故水解不能进行，水解程度通常在70%以下。反应过程示意如下：

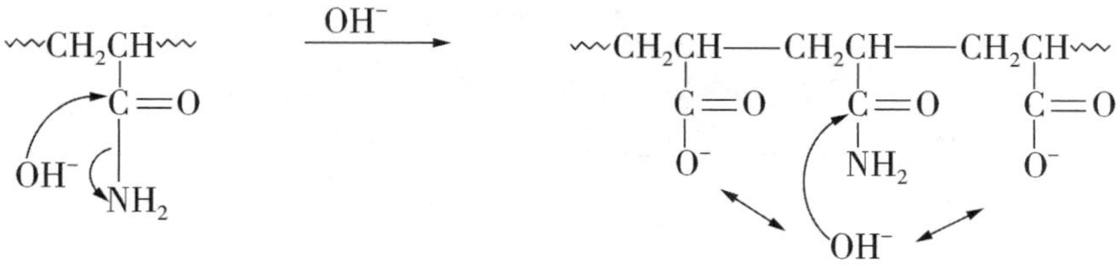

$$\sim\sim CH_2CH\sim\sim \xrightarrow{\ OH^-\ } \sim\sim CH_2CH-CH_2CH-CH_2CH\sim\sim$$

【参考答案】
邻近基团

选择题 7—8

7. 涤纶树脂的醇解是(　　)反应。
A. 化学降解　　　　B. 聚合度相似　　　　C. 热降解　　　　D. 氧化降解

8. 尼龙树脂在进行双螺杆挤出加工之前，一般需要进行充分干燥，其原因是(　　)。
A. 尼龙树脂中残留的微量水分会引起尼龙的降解
B. 尼龙树脂中残留的微量水分会引起尼龙的交联
C. 尼龙树脂充分干燥后，其质量会更稳定
D. 尼龙树脂充分干燥后，其加工能耗更低

解题思路

　　此两题的考点是降解。聚合物的降解反应是指聚合物分子链在机械力、热、高能辐射、超声波、化学试剂或微生物等的作用下，分裂成聚合度较低的产物的反应过程，有热降解、化学降解、氧化降解、光降解等类型，结构不同的聚合物，其降解方式不同。含有酯键、酰胺键的涤纶、尼龙66等在微量水、醇、酸和碱作用下易发生缩聚的逆反应即水解，生成聚合度较低的产物，这种降解被称为化学降解。在热作用下发生的降解反应被称为热降解，若有氧参加则称为热氧降解。聚合物在紫外线作用下发生的断裂、交联和氧化等反应被称为光降解，也是聚合物老化的原因之一。通过机械力使聚合物主链断裂、分子量降低的反应被称为机械降解，通常发生在聚合物的加工成型中。

【参考答案】
选择题 7：A
选择题 8：A

填空题 9—11

9. 高压低密度聚乙烯的热氧稳定性比低压高密度聚乙烯差，这是因为＿＿＿＿＿＿＿＿＿＿＿＿＿＿＿＿＿。出于同样的原因，聚丙烯的热氧稳定性比线形聚乙烯差。

10. 在聚乙烯、聚丙烯和聚异戊二烯这三种聚合物中，最易发生氧化降解的是聚异戊二烯，其原因是＿＿＿＿＿＿＿＿＿＿＿＿＿＿＿＿＿。

11. 有些聚合物老化后龟裂发粘是因为＿＿＿＿＿＿＿＿＿＿＿＿＿＿，有些聚合物老化后则变硬发脆是因为＿＿＿＿＿＿＿＿＿＿＿＿＿＿。

解题思路

碳碳链的聚丙烯、聚异戊二烯等聚合物暴露在空气中易发生氧化反应，在分子链上形成过氧基团或含氧基团，发生氧化降解，从而引起分子链的断裂及交联，使聚合物发粘或变硬、变色、变脆等，但不同的聚合物耐氧化的程度不同。形成过氧自由基的活性顺序：

$$CH_2=CH-CH_2->\overset{|}{-CH}->-CH_2->CH_3-$$

即烯丙基氢、叔氢是容易受氧进攻的弱键，而亚甲基、甲基碳氢键则较难氧化。

由此：(1)饱和聚合物的耐氧化性强于不饱和聚合物；

(2)线形聚合物的耐氧化性高于支化聚合物；

(3)结晶聚合物在其熔点以下比非结晶性聚合物耐热性好；

(4)取代基、交联都会改变聚合物的耐氧化性能。

【参考答案】

填空题 9：高压聚乙烯分子结构中存在较多短支链，这样易氧化的叔碳含量较高

填空题 10：含有双键

填空题 11：降解　交联

填空题 12、选择题 13、简答题 14

12. 聚合物的热降解有＿＿＿＿＿＿＿＿＿＿＿＿＿＿＿＿＿＿＿等情况，其中主链断裂又分为无规降解和解聚降解。

13. 下列聚合物中，受热发生侧基脱除的是(　　　)。

A. 聚甲基丙烯酸甲酯　　　　　　　　B. 聚醋酸乙烯酯

C. 聚乙烯　　　　　　　　　　　　　D. 聚丙烯

14. 将聚甲基丙烯酸甲酯(PMMA)、聚乙烯(PE)、聚氯乙烯(PVC)三种聚合物进行热降解反应，分别得到何种产物。

解题思路

　　不同结构的聚合物降解方式不同，有主链断裂和侧基脱除两种。主链断裂又分无规降解和链式降解。

　　无规降解是分子链断裂成数条聚合度降低的分子链，分子量迅速下降的降解，产物是仍具有一定分子量的低聚物，如 PE、PP 的降解。

$$\sim\!\!\sim\!\!CH_2CH_2CH_2CH_2\!\sim\!\!\sim \longrightarrow \sim\!\!\sim\!\!CH_2\dot{C}H_2 + H_2\dot{C}H_2C\!\sim\!\!\sim$$
$$\longrightarrow \sim\!\!\sim\!\!CH\!=\!\!CH_2 + H_3CH_2C\!\sim\!\!\sim$$

　　链式降解（也称解聚降解）：高分子链的断裂总是发生在末端单体单元，按链式机理逐一脱除单体，单体产率可达 100%，如聚甲基丙烯酸甲酯（PMMA）、聚四氟乙烯（PTFE）等 α,α-双取代乙烯基聚合物的降解。

$$\sim\!\!\sim\!\!CH_2\!\!-\!\!\underset{\underset{COOCH_3}{|}}{\overset{\overset{CH_3}{|}}{C}}\!\!-\!\!CH_2\!\!-\!\!\underset{\underset{COOCH_3}{|}}{\overset{\overset{CH_3}{|}}{\dot{C}}} \longrightarrow \sim\!\!\sim\!\!CH_2\!\!-\!\!\underset{\underset{COOCH_3}{|}}{\overset{\overset{CH_3}{|}}{\dot{C}}} + CH_2\!\!=\!\!\underset{\underset{COOCH_3}{|}}{\overset{\overset{CH_3}{|}}{C}}$$

　　聚氯乙烯、聚氟乙烯、聚醋酸乙烯酯、聚丙烯腈等含极性侧基的聚合物在加热时以侧基脱除为主，并不发生主链断裂。聚氯乙烯的理论氯含量为 58.4%，热失重分析曲线上对应的失重率为 58%～60%，两者一致。

$$\sim\!\!\sim\!\!CH_2\!\!-\!\!\underset{\underset{Cl}{|}}{CH}\!\sim\!\!\sim \xrightarrow{\triangle} \sim\!\!\sim\!\!CH\!=\!\!CH\!\sim\!\!\sim + HCl$$

$$\sim\!\!\sim\!\!CH_2\!\!-\!\!\underset{\underset{OCOCH_3}{|}}{CH}\!\sim\!\!\sim \xrightarrow{\triangle} \sim\!\!\sim\!\!CH\!=\!\!CH\!\sim\!\!\sim + CH_3COOH$$

【参考答案】

填空题 12：主链断裂、侧基脱除

选择题 13：B

简答题 14：PMMA 加热发生链式降解，产物为单体甲基丙烯酸甲酯；PE 加热发生无规降解，产物为聚乙烯低聚物；PVC 加热并不发生主链断裂，而是以侧基脱除为主，产物为 HCl。

简答题 15

　　15. 用聚丁二烯橡胶、苯乙烯及过氧化苯甲酰（BPO）为原料，加热后将会发生哪些主要的化学反应？用化学方程表示并说明其化学反应的类型。

解题思路

工业上最常用的接枝是运用自由基向大分子链转移的原理长出支链，二烯烃聚合物聚丁二烯、丁苯橡胶、天然橡胶等主链都含有双键，其双键与烯丙基氢容易成为接枝点，本题要重点掌握二烯烃聚合物链转移接枝原理。

将聚丁二烯橡胶溶解到苯乙烯单体中，用过氧化物 BPO 可引发共聚，获得主链为聚丁二烯，含有苯乙烯短侧支链的接枝共聚物。相比于聚苯乙烯均聚物，这种共聚物的韧性有大幅度改善，冲击强度可提高 7 倍以上，通常被称为高抗冲聚苯乙烯（HIPS）。BPO 受热分解成初级自由基，与苯乙烯形成单体自由基，一部分引发苯乙烯发生均聚形成聚苯乙烯（PSt），另一部分与聚丁二烯（PB）大分子加成或转移进行接枝共聚，接枝点为聚合物分子链上易发生链转移的地方，如聚丁二烯上的双键与烯丙基氢。

（1）苯乙烯均聚物 PSt 的形成反应为：

$$R· + nSt \longrightarrow R\sim St·$$

$$R\sim St· \xrightarrow{\text{双基终止}} 聚苯乙烯均聚物$$

（2）接枝共聚物的形成反应为：

① 主链自由基的形成。

$$R· + \sim\sim CH_2CH=CHCH_2\sim\sim \longrightarrow RH + \sim\sim \overset{·}{C}HCH=CHCH_2\sim\sim$$

$$R· + \sim\sim CH_2CH=CHCH_2\sim\sim \longrightarrow \sim\sim CH_2-\overset{·}{C}H-CH-CH_2\sim\sim$$
$$\underset{R}{|}$$

$$R\sim St· + \sim\sim CH_2CH=CHCH_2\sim\sim \longrightarrow R\sim\sim St-H + \sim\sim \overset{·}{C}HCH=CHCH_2\sim\sim$$

$$R· + \sim\sim CH_2CH\sim\sim \longrightarrow \sim\sim CH_2CH\sim\sim$$
$$\underset{CH=CH_2}{|} \qquad \underset{·CHCH_2R}{|}$$

② 接枝反应。

$$\sim\sim\overset{·}{C}HCH=CHCH_2\sim\sim + nSt \longrightarrow \sim\sim CHCH=CHCH_2\sim\sim$$
$$\underset{St}{|}$$
$$\}$$

$$\sim\sim CH_2-\overset{·}{C}H-CH-CH_2\sim\sim + nSt \longrightarrow \sim\sim CH_2-CH-CH-CH_2\sim\sim$$
$$\underset{R}{|} \qquad\qquad \underset{St}{|}\ \underset{R}{|}$$
$$\}$$

$$\sim\sim St· + \sim\sim\overset{·}{C}HCH=CHCH_2\sim\sim \longrightarrow \sim\sim CHCH=CHCH_2\sim\sim$$
$$\underset{St}{|}$$
$$\}$$

$$\sim\sim CH_2CH\sim\sim \xrightarrow{\text{St}} \sim\sim CH_2CH\sim\sim$$

（反应式：左侧 $\cdot CHCH_2R$，右侧 $CHCH_2R$ 下接 $St\sim\sim$）

这种通过链转移接枝长出支链的方法接枝效率较低，1,2 - 结构含量高的聚丁二烯有利于接枝。以上方法合成得到的最终产物是苯乙烯接枝聚丁二烯共聚物、PSt 和 PB 的混合物，其中 PSt 占 90% 以上，为连续相；PB 占 7%～8%，以 2～3 μm 的粒子分散在 PSt 连续相中；接枝聚丁二烯共聚物处于 PSt、PB 两相的界面，具有增容作用，能提高 PSt 的抗冲击性能。

选择题 16

16. 下列属于热塑性弹性体的聚合物是(　　　)。

A. SBS　　　　　　B. PS　　　　　　C. HIPS　　　　　　D. ABS

解题思路

工业上采用丁基锂 - 烃类溶剂体系，保证丁二烯 1,4 - 加成的顺式结构获得足够的弹性。可采用三步法合成 SBS，先按链段长要求预先设计计量，再依次加入苯乙烯、丁二烯、苯乙烯。丁二烯的活性虽然略低于苯乙烯，但仍能引发苯乙烯聚合。反应过程示意图如下：

$$n CH_2{=}CH + RLi \longrightarrow R{+}CH_2{-}CH{]}_{n-1}CH_2{-}CH^- Li^+ \xrightarrow{m CH_2{=}CH{-}CH{=}CH_2}$$

$$R{+}CH_2{-}CH{]}_n{+}CH_2{-}CH{=}CH{-}CH_2{]}_{m-1}CH_2{-}CH{=}CH{-}CH_2^- Li^+$$

$$\xrightarrow[\text{终止}]{n CH{=}CH_2} SBS$$

控制 PS 的 $\overline{M_n}$ = 1 万～1.5 万，PB 的 $\overline{M_n}$ = 5 万～10 万，则所得产物为热塑性弹性体。

也可采用双功能引发剂二步法合成 SBS，如以萘钠为引发剂，先引发丁二烯的 1,4 - 聚合，再一次加料双向引发苯乙烯得到两个 PS 嵌段，形成 SBS 三嵌段共聚物，但该路线对丁二烯的定向能力差，不能保证丁二烯 1,4 - 加成的顺式结构。

【参考答案】

A

判断题 17—18

17. 合成丁基橡胶时加入少量异戊二烯与异丁烯进行共聚，这样由于分子链上有双键，故更容易实现硫黄的硫化。 （ ）

18. 聚乙烯交联后使用上限温度增加，但硫黄不能使聚乙烯实现交联。 （ ）

解题思路

硫化又称交联、熟化。在一定的温度、压力条件下，加入硫化剂和促进剂等，使线形大分子转变为三维网状结构的过程被称为硫化。由于最早（1839 年）是采用硫黄实现天然橡胶交联的，故称硫化。其中，"硫磺"与"硫黄"这两个表述在文献中都有使用，但在橡胶工业中，更常用"硫黄"。硫化与交联是同一概念，聚合物的交联方式有硫黄交联、过氧化物交联、高能辐射交联、离子交联等。

（1）硫黄交联：橡胶分子结构中通常含有双键，可采用硫黄硫化，硫化后才具有弹性。丁基橡胶是异丁烯与二烯烃共聚的产物，其目的是在聚合物中引入双键，常用的二烯烃单体是异戊二烯。硫黄硫化机理如下：

引发

$$S_8 \xrightarrow{\triangle} {}^{\delta^+}S_m\text{----}S_n^{\delta^-} \quad (m+n=8)$$

$$^{\delta^+}S_m\text{----}S_n^{\delta^-} + \sim\!\!\sim CH_2-\underset{CH_3}{C}=CH-CH_2\!\!\sim\!\!\sim \longrightarrow \sim\!\!\sim CH_2-\underset{CH_3}{\overset{S_m^+}{C}}-CH-CH_2\!\!\sim\!\!\sim + S_n^-$$

（2）过氧化物交联：聚乙烯、乙丙橡胶不含双键，不能采用硫黄交联，采用过氧化物类如 2,5 - 二甲基 - 2,5 - 二(叔丁基过氧基)己烷、过氧化二异丙苯、过氧化特丁基等可以实现交联，在聚合物分子间架起化学链桥，使分子不能发生位移，进而使聚合物的低温冲击强度、耐磨性和耐热性显著提高。聚乙烯的交联反应如下：

$$RO\cdot + \sim\!\!\sim CH_2-CH_2\!\!\sim\!\!\sim \longrightarrow \sim\!\!\sim \overset{\cdot}{C}H-CH_2\!\!\sim\!\!\sim + ROH$$

$$2\sim\!\!\sim \overset{\cdot}{C}H-CH_2\!\!\sim\!\!\sim \longrightarrow \begin{array}{c}\sim\!\!\sim CH-CH_2\!\!\sim\!\!\sim \\ | \\ \sim\!\!\sim CH-CH_2\!\!\sim\!\!\sim\end{array}$$

（3）高能辐射交联：指利用各种辐射引发聚合物高分子长链之间的交联反应的技术手段。辐射专指各种核辐射如电子束、γ 射线、中子束、粒子束等。高分子在射线辐照后产生各种自由基，通过自由基的相互结合而交联，与过氧化物交联机理相似，都属于自由基反应。通过辐射交联制备的聚乙烯获得较多的应用。交联反应如下：

$$\sim\!\sim\!CH_2\!-\!CH_2\!\sim\!\sim \xrightarrow{\text{辐射}} \sim\!\sim\!\dot{C}H\!-\!CH_2\!\sim\!\sim + H\cdot$$

$$2H\cdot \longrightarrow H_2$$

$$\sim\!\sim\!CH_2\!-\!CH_2\!\sim\!\sim + H\cdot \longrightarrow \sim\!\sim\!\dot{C}H\!-\!CH_2\!\sim\!\sim + H_2$$

$$2\sim\!\sim\!\dot{C}H\!-\!CH_2\!\sim\!\sim \longrightarrow \begin{array}{c}\sim\!\sim\!CH\!-\!CH_2\!\sim\!\sim \\ | \\ \sim\!\sim\!CH\!-\!CH_2\!\sim\!\sim\end{array}$$

（4）离子交联：线形或支化的有机高分子链上含有一定量的离子侧基，可以通过离子键的相互作用而交联。乙烯－甲基丙烯酸共聚物中的酸性基团被钠、钾、镁或锌的化合物经部分或全部中和，形成离子键，表示如下：

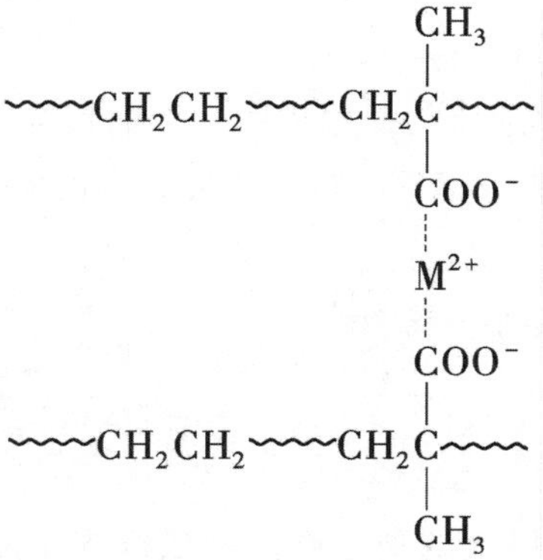

含有离子键的一类热塑性聚合物为离子键聚合物，也被称为离子交联高分子。离子簇的存在，一方面增加了高分子链间的作用力，起交联作用，使之具有更高的强度和耐油性；另一方面，这些离子簇在高温下可以散开，使其仍具有热塑性。离子键的存在还减缓了晶核的生长速度，减小了微晶的尺寸，从而大大提高了透明度。

【参考答案】
判断题 17：√
判断题 18：√

简答题 19

19. 简述聚合物化学反应的特点。

解题思路

与低分子化合物相比，聚合物分子量高，结构和分子量又有多分散性，因此聚合物在进行化学反应时有以下几方面特点。

（1）若反应前后聚合物的聚合度不变，由于原料的原有官能团往往和产物在同一分子链中，因此高分子链中官能团很难完全转化，反应速率与转化率低。此类反应需以结构单元作为化学反应的计算单元。

$$\begin{CD} CH_2-CH \end{CD}$$

（2）若反应前后的聚合物的聚合度发生变化，则情况更为复杂。这种情况常发生在因原料聚合物主链中有弱键和易受化学试剂进攻的部位而导致的裂解或交联中。

（3）与低分子反应不同，聚合物化学反应的速率还会受到大分子在反应体系中的形态和参加反应的相邻基团等的影响。

（4）均相聚合物的化学反应常为扩散控制，溶剂起着重要的作用。非均相反应则情况更为复杂，化学试剂很难进入晶区，反应主要在非晶区进行。

20. 简述聚丙烯腈基碳纤维制造原理。

解题思路

碳纤维指含碳量在90%以上的高强度高模量纤维，外形呈纤维状、柔软，可加工成各种织物，耐高温性能居所有化纤之首。由于其石墨微晶结构沿纤维轴择优取向，因此其在沿纤维轴方向有很高的强度和模量，比强度和比模量高。碳纤维直径只有5 μm，相当于一根头发丝的十到十二分之一，强度却在铝合金的4倍以上。碳纤维的主要用途是作为增强材料与树脂、金属、陶瓷及炭等复合，以制造先进复合材料。

20世纪60年代初，日本发明了以聚丙烯腈（PAN）纤维为原料制取碳纤维的方法。1970年日本东丽公司依靠先进的聚丙烯腈原丝技术，并与美国联合碳化物公司交换碳化技术，开发了高性能聚丙烯腈基碳纤维。采用聚丙烯腈原丝制造碳纤维分为三步：$200 \sim 300\ ℃$在空气中预氧化，$800 \sim 1900\ ℃$在氮气中碳化，$2500\ ℃$在氩气气氛下石墨化，析出碳以外的其他元素。环的引入使聚合物刚性增加、耐热性提高。聚丙烯腈经热解后环化成梯形结构，甚至稠环结构，成环反应如下：